Excel による
システム最適化

工学博士 大野　勝久 編著
工学博士 田村　隆善
博士(工学) 伊藤　崇博 共著

コロナ社

「Excel によるシステム最適化」正誤表

---

p.ii 11 行目 (ホームページの URL)
p.viii 「CD-ROM 使用上の注意」最下行 (ホームページの URL)
[誤] `http://accord.system.nitech.ac.jp`
[正] `http://homepage2.nifty.com/ohno_katsuhisa/`

---

p.75 下から 6 行目 (式番にダッシュを付加)
[誤] (3.36) [正] (3.36)$'$

---

p.85 4 行目 (m を n に修正)
[誤] m とおけば $\boldsymbol{A} = (\boldsymbol{a}_1 \ \boldsymbol{a}_2 \ \cdots \ \boldsymbol{a}_m)$ であり,
[正] n とおけば $\boldsymbol{A} = (\boldsymbol{a}_1 \ \boldsymbol{a}_2 \ \cdots \ \boldsymbol{a}_n)$ であり,

---

p.95 下から 5 行目 (x にダッシュを付加)
[誤] $\boldsymbol{Ax} + \boldsymbol{Ix} = \boldsymbol{b}$ [正] $\boldsymbol{Ax} + \boldsymbol{Ix}' = \boldsymbol{b}$

---

p.97 14 行目 (制約条件; m, i を n, j に修正)
[誤] $\sum_{i=1}^{m} a_{ij} x_j \leq b_i$ [正] $\sum_{j=1}^{n} a_{ij} x_j \leq b_i$

---

p.145 6 行目
[誤] $(1, j)$ については M と $\cdots$ [正] $(1, j)$ については $-M$ と $\cdots$

---

p.147 2～3 行目
[誤] すなわち SA は, 金属がエネルギーの高い溶解状態から冷却して, エネルギーの低い固体に至る過程と, $\cdots$
[正] すなわち SA は, 金属がエネルギーの高い適度な高温状態から緩やかに冷却し, エネルギーの低い常温状態にする過程と, $\cdots$

---

p.155 式 (5.45)
[誤] $f_m = \alpha \times \min_{1 \leq m \leq M} F(S_m) + \max_{1 \leq m \leq M} F(S_m) - F(S_m)$
[正] $f_m = \alpha \times \min_{1 \leq u \leq M} F(S_u) + \max_{1 \leq u \leq M} F(S_u) - F(S_m)$

まえがき

　IT（information technology）革命の引き起こす世界的競争（global competition）に直面し，企業は限られた経営資源（ヒト，モノ，カネ，情報）を最大限に活用した，利益最大化，費用最小化の追求を迫られている。システム最適化とは，企業，自治体を含むさまざまなシステムにおいて，資源的，技術的制約のもとで，利益，費用，環境などの観点から最適な計画あるいは設計を決定することである。

　システム最適化や数理計画法に関しては，すでに数多くの和書が出版されているが，その大半は当然のこととはいえ，手法の説明と数学的理論に終始している。したがって，実際に問題を解くためには，そのアルゴリズムをCあるいはFORTRANなどでプログラムするか，市販のプログラム・パッケージを購入しなければならなかった。そのため，理論とプログラムに精通した専門家を除いて，実際の最適化問題をパソコンで気軽に解ける状況ではなかった。

　本書は，多くのパソコンにインストールされているExcel（エクセル）を用い，そのソルバー（solver）機能と，添付したCD-ROM内のVBA（Visual Basic for Applications）プログラムを利用することにより，なんらのプログラミング言語を追加することなく，システム最適化の演習用問題はもとより中規模の現実の最適化問題まで，パソコンで手軽に計算できることを目指している。低価格化によるパソコンの普及とその加速度的な性能向上により，近い将来に多くの実際問題が手近なパソコンで気軽に解けるようになり，IT革命が定着するものと期待される。

　本書は，今後のパソコンの普及と性能向上によるVB（Visual Basic）の将来性に着目し，情報リテラシーを学ぶ学生のために，VBAによるプログラムと計算例をCD-ROMで添付している。読者対象としては，システム最適化を学ぶ学生，Excelの習得を通して情報リテラシーを学ぶ学生，および直面して

いる最適化問題の最適解を求めたい実務家あるいは技術者まで広範囲の層を期待している。そのため，なるべく数学的な予備知識を仮定せず，ほぼ高等学校の数学 I，数学 A の予備知識で十分なようにした。

本書の分担は，田村隆善が Excel，ソルバー関係（1.3 節，2 章，3.9，5.4，6.2 節），伊藤崇博が VBA プログラム関係（3.5，4.4，5.3 節，5.5.4 項および CD-ROM の VBA プログラム）を担当した。それ以外は全体の取りまとめも含め，大野勝久が担当した。したがって，全体の責任は編著者にある。

なお，質問や疑問はもとより，誤りの指摘，要望などは，編著者のホームページ

　　　http://accord.system.nitech.ac.jp

までお知らせいただきたい。

最後に，編著者らに適切なご助言とご指導を賜った諸先生ならびに友人に厚く御礼申し上げるとともに，本書の出版に際し，多大なご尽力を賜ったコロナ社の皆様に深謝を表したい。

2001 年 3 月

編　著　者

目　　次

1　序　　論

1.1　は じ め に ……………………………………………………………… 1
　1.1.1　システム最適化を学ぶために ……………………………………… 1
　1.1.2　Excel 習得のために ………………………………………………… 2
　1.1.3　最適化問題を解くために …………………………………………… 2
1.2　システム最適化 ………………………………………………………… 3
　1.2.1　生産計画問題 ………………………………………………………… 4
　1.2.2　輸　送　問　題 ……………………………………………………… 7
　1.2.3　栄　養　問　題 ……………………………………………………… 7
　1.2.4　最短経路問題 ………………………………………………………… 8
　1.2.5　プロジェクト管理（日程計画）…………………………………… 11
　1.2.6　最小費用流問題 …………………………………………………… 12
　1.2.7　ナップサック問題 ………………………………………………… 13
　1.2.8　巡回セールスマン問題 …………………………………………… 14
　1.2.9　スケジューリング問題 …………………………………………… 16
　1.2.10　配送計画問題 ……………………………………………………… 18
　1.2.11　非線形計画問題 …………………………………………………… 20
　1.2.12　最適制御問題と多段決定過程 …………………………………… 22
1.3　Excel ……………………………………………………………………… 23
1.4　CD-ROM 使用の手引き ……………………………………………… 26

2　Excel 概　論

2.1　は じ め に …………………………………………………………… 30
2.2　Excel の 基 礎 ………………………………………………………… 31

2.3 ファイルのオープンと保存

- 2.2.1 Excel の起動 …………………………………………………………… *31*
- 2.2.2 Excel の画面構成 …………………………………………………… *31*
- 2.2.3 ブックとワークシート …………………………………………… *33*
- 2.2.4 Excel の終了 ………………………………………………………… *33*

2.3 ファイルのオープンと保存 …………………………………………… *34*

- 2.3.1 ファイルのオープン ……………………………………………… *34*
- 2.3.2 ファイルへの保存 ………………………………………………… *34*

2.4 データの入力と編集 …………………………………………………… *34*

- 2.4.1 文字や数値の入力と日本語入力の起動 ……………………… *34*
- 2.4.2 入力した文字の編集 ……………………………………………… *35*
- 2.4.3 行や列の挿入と削除 ……………………………………………… *35*
- 2.4.4 移動とコピー ……………………………………………………… *36*
- 2.4.5 日付の入力 ………………………………………………………… *36*

2.5 表 計 算 ………………………………………………………………… *37*

- 2.5.1 オート SUM を用いた合計値算出 ……………………………… *37*
- 2.5.2 数式の入力 ………………………………………………………… *37*
- 2.5.3 数式のコピー ……………………………………………………… *38*

2.6 ワークシートの印刷 …………………………………………………… *38*

- 2.6.1 印刷プレビュー …………………………………………………… *38*
- 2.6.2 文書スタイルの設定 ……………………………………………… *39*
- 2.6.3 改 ページ …………………………………………………………… *39*

2.7 レ イ ア ウ ト …………………………………………………………… *39*

- 2.7.1 セルの幅と高さの変更 …………………………………………… *39*
- 2.7.2 セルの結合 ………………………………………………………… *40*
- 2.7.3 フォントの変更 …………………………………………………… *40*
- 2.7.4 罫 線 ………………………………………………………………… *40*

2.8 グ ラ フ ………………………………………………………………… *41*

- 2.8.1 グラフの作成 ……………………………………………………… *41*
- 2.8.2 文字の挿入 ………………………………………………………… *41*
- 2.8.3 グラフの編集 ……………………………………………………… *41*

2.9 マクロの自動記録 ……………………………………………………… *42*

- 2.9.1 マクロの自動記録 ………………………………………………… *42*
- 2.9.2 マクロの実行 ……………………………………………………… *43*

2.9.3　マクロコードの構成 …………………………… 44
　2.9.4　メニューバーやツールバーへのマクロの登録 ……… 45
　2.9.5　「マクロの記録」の限界 …………………………… 46
2.10　VBA …………………………………………………… 46
　2.10.1　VBAの基本用語 …………………………………… 46
　2.10.2　VBEの起動と終了 ………………………………… 48
　2.10.3　VBEの画面構成 …………………………………… 48
　2.10.4　プロジェクトの構成 ……………………………… 48
　2.10.5　プロシージャの構成要素 ………………………… 50
　2.10.6　ステートメントの構成要素と書式 ……………… 51
　2.10.7　ヘ　ル　プ ………………………………………… 52
　2.10.8　変　　数 …………………………………………… 52
　2.10.9　変数の宣言場所と有効範囲 ……………………… 53
　2.10.10　エラーとデバッグ ………………………………… 54
2.11　ソ　ル　バ　ー ……………………………………… 56

3　線形計画法

3.1　は　じ　め　に ………………………………………… 57
3.2　線形計画法と基底解 …………………………………… 58
3.3　掃　出　し　法 ………………………………………… 63
3.4　単　体　法 ……………………………………………… 65
3.5　2段階法とVBAプログラム …………………………… 74
3.6　改訂単体法 ……………………………………………… 83
3.7　双　対　定　理 ………………………………………… 90
3.8　感度分析と双対単体法 ………………………………… 97
　3.8.1　目的関数の係数が変化した場合 …………………… 98
　3.8.2　右辺の定数が変化した場合 ………………………… 99
　3.8.3　双　対　単　体　法 ………………………………… 100
3.9　ソルバーによる解法 …………………………………… 102
　3.9.1　ソルバーの使用方法 ………………………………… 102

3.9.2　データ入力 ……………………………………………………… *103*
　3.9.3　ソルバーの起動と設定 ………………………………………… *103*
　3.9.4　実行と結果 ……………………………………………………… *106*
　3.9.5　線形計画問題に対するソルバーの能力 ……………………… *107*

4　動的計画法

4.1　はじめに ……………………………………………………………… *108*
4.2　最短経路問題 ………………………………………………………… *109*
4.3　ダイクストラ法とワーシャル・フロイド法 …………………… *114*
　4.3.1　ダイクストラ法 ………………………………………………… *114*
　4.3.2　ワーシャル・フロイド法 ……………………………………… *117*
4.4　VBAプログラム ……………………………………………………… *119*
　4.4.1　ダイクストラ法 ………………………………………………… *119*
　4.4.2　ワーシャル・フロイド法 ……………………………………… *123*
4.5　多段決定過程 ………………………………………………………… *126*

5　組合せ最適化

5.1　はじめに ……………………………………………………………… *130*
5.2　ナップサック問題 …………………………………………………… *132*
5.3　分枝限定法とVBAプログラム ……………………………………… *135*
5.4　混合整数計画問題とソルバー ……………………………………… *140*
　5.4.1　データの入力 …………………………………………………… *140*
　5.4.2　ソルバーの起動と設定 ………………………………………… *141*
　5.4.3　整変数の設定 …………………………………………………… *142*
　5.4.4　ソルバーの実行 ………………………………………………… *143*
5.5　メタヒューリスティクス …………………………………………… *143*
　5.5.1　アニーリング法 ………………………………………………… *146*
　5.5.2　タブー探索法 …………………………………………………… *152*

5.5.3　遺伝アルゴリズム ………………………………………… *154*
　5.5.4　VBAプログラム ………………………………………… *158*

6　非線形計画法

6.1　は　じ　め　に ……………………………………………… *161*
6.2　非線形計画問題とソルバー …………………………………… *163*
　6.2.1　データの入力 ………………………………………… *163*
　6.2.2　ソルバーの起動と設定 ………………………………… *164*
　6.2.3　非線形計画問題の設定 ………………………………… *165*
　6.2.4　ソルバーの実行 ………………………………………… *165*
6.3　制約なし最適化問題 …………………………………………… *166*
　6.3.1　準ニュートン法 ………………………………………… *170*
　6.3.2　共　役　勾　配　法 …………………………………… *171*
6.4　制約付き最適化問題 …………………………………………… *172*
　6.4.1　カルーシュ・キューン・タッカー条件 ………………… *172*
　6.4.2　逐次2次計画法 ………………………………………… *174*

引用・参考文献 …………………………………………………… *176*
索　　　　引 …………………………………………………… *181*

CD-ROM 使用上の注意

　本書には，VBA プログラムを収めた CD-ROM を付属しています。この具体的な使い方などについては，本書の 1.4 節および CD-ROM 内のファイル「お読みください.txt」を参照してください。

　CD-ROM 内の VBA プログラムは，Microsoft Excel 2000 がインストールされた環境で動作することを確認しています。

　なお，ご使用に際しては，以下の点をご留意ください。
・本ソフトウェアを，商用で使用することはできません。
・本ソフトウェアのコピーを，他に流布することもできません。
・本ソースコードの改変は，営利目的でない限り自由です。
・本ソフトウェアを使用することによって生じた損害などについては，著作者，コロナ社は一切の責任を負いません。

　プログラムに関するバグや改良点などお気づきの点，あるいは本書の内容に関する質問などは，下記あてにご連絡ください。

〒466-8555　名古屋市昭和区御器所町
　　名古屋工業大学　生産システム工学科　大野勝久
編著者のホームページ
　　http://accord.system.nitech.ac.jp

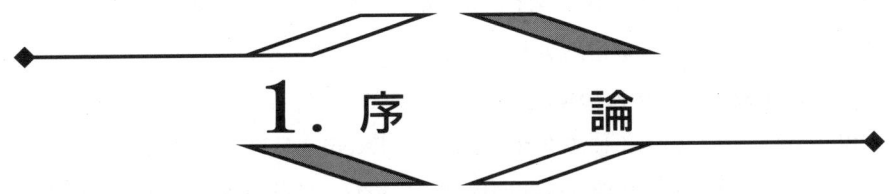

1. 序　論

1.1　は じ め に

本書は

1)　システム最適化を学ぶ学生

2)　Excel の習得を通して情報リテラシーを学ぶ学生

3)　現実の最適化問題に直面し，最適解を求めたい実務家あるいは技術者

を主たる読者対象としている。そのため，数学的な専門知識をなるべく想定しないようにした。大半の節（ただし，3.6〜3.8 節，6.3，6.4 節を除く）では，高等学校で学ぶ数学 I，数学 A の予備知識で十分である。

1.1.1　システム最適化を学ぶために

システム最適化とは，さまざまなシステムにおいて，与えられた資源および技術的制約のもとに，利益，費用，機能，安全，美観，環境などの観点から，最適な計画，設計，運用を決定することである。このシステム最適化問題を，与えられた制約条件のもとで，定められた目的関数を最適化する問題として定式化したものを数理計画問題と呼び，その問題を解くアルゴリズムの開発，理論を含めて数理計画法と呼んでいる。

本書では，3 章で線形計画法を，4 章で動的計画法，また 4.3 節で最短経路問題を解くダイクストラ法とワーシャル・フロイド法を，5 章で組合せ最適化手法として分枝限定法，また 5.5 節でアニーリング法，遺伝アルゴリズムなどのメタヒューリスティクスを，6 章で非線形計画法と，数理計画法あるいは最適化手法の代表的な実用アルゴリズムのほとんどを説明している。この説明の順序は，数理計画法の歴史的発展にほぼ従ったものであるが，学習の順序とし

ては，4章の動的計画法あるいは5章の組合せ最適化手法とメタヒューリスティクスから始めるほうが自然かもしれない。

1.1.2 Excel 習得のために

現在，パソコンの多くに**エクセル**（以下，Excelと記す）がインストールされている。Excelは，数理計画問題を解くソルバー機能以外に，グラフ作成機能，データベース機能，統計解析，What-If分析機能，VBAによるプログラミング機能等々，さまざまな機能を持つ表計算ソフトウエアである。

本書では2章を中心に，Excelの持つこれらさまざまな機能を説明する。急激なパソコンの普及とその加速度的な性能向上により，Excelのソルバー機能とマクロ（VBA）を利用することで，なんらのプログラミング言語を追加することなく，システム最適化の演習用問題はもとより，中規模の現実の最適化問題まで手軽に計算が可能である。

本書では今後のパソコンの性能向上によるVB（Visual Basic）の将来性に着目し，情報リテラシーを学ぶ学生のために，VBAによるプログラム，計算例などをCD-ROMで添付している。これらのプログラムソースには，懇切なコメントが付いているため，VBA，VBによるプログラミング教育の一助になるとともに，直面している最適化問題に合わせたカスタマイズが容易である。

1.1.3 最適化問題を解くために

現実の最適化問題に直面している実務家あるいは技術者のため，本書ではまず次節で，取り扱うすべての問題を紹介し，CD-ROMのVBAプログラムあるいはソルバーによる解法を説明する節を明示している。

実際に，具体的な問題を解く必要に迫られている読者は，1.2節の例題，問題からその問題の当てはまる定式化と，そこに示されている解法を説明している節を，直接お読みいただきたい。そして，ともかく一度解いてみることをお勧めする。その際，「係数，パラメータが決まらない」とか，「目的関数が複数あって，どれに決めてよいかわからない」とかの悩みに陥りがちであるが，いろいろな可能性をシナリオとして与えて，ともかく一度解くことが大切である。幸い最適解が得られれば，その実行可能性と効果を慎重に評価し，もし得

られなければ，その原因を理論的研究を含めて追求していただきたい．

本書の利用の仕方としては

1) システム最適化を学ぶ学生には，1章から3，4，5，6章と学習を進めるのが標準的ではあるが，1章から4章あるいは5章へと進み，3章，6章と進めるのもよい．
2) Excelの習得を通して情報リテラシーを学ぶ学生には，ExcelおよびVBAに習熟するために，1章，2章と進み，その後3.5節，3.9節，4.4節，5.3〜5.5節，6.2節のうち，興味のある節へ進まれたい．
3) 現実の最適化問題を解きたい，あるいは解かなければならない実務家あるいは技術者には，1.2節の例題と問題から，直面している問題の当てはまる定式化と，そこに示されている解法を説明している節を直接お読みいただきたい．

1.2 システム最適化

システム最適化とは，さまざまなシステムにおいて，資源的・技術的制約のもとに，利益あるいはコストなどの定められた観点から，システムの最適な計画，設計，運用を決定することである．与えられた**制約条件**（constraint）のもとで，利益（あるいはコスト）などの**目的関数**（objective function）を最大（最小）化する問題を**数理計画問題**（mathematical programming problem）と呼び，そのアルゴリズムの開発，理論を含めて**数理計画法**（mathematical programming）と呼ぶ．

この節では，本書を通して取り扱う，数理計画問題の代表的な問題や例題を紹介する．そして，それらを解くアルゴリズムを説明する章，節を述べ，ExcelのソルバーやCD-ROMのVBAプログラムによる具体的解法を説明する節を示す．実際に，現実問題を解く必要に迫られている読者は，以下の問題からその問題の当てはまる定式化と，そこに示されている解法を説明する節を直接お読みいただきたい．

1.2.1 生産計画問題

例題として，2種類の製品 A，B を生産している工場を考える．1単位当りの利益が2万円の製品 A を1単位生産するためには，原料1単位と労働力1単位を必要とする．一方，1単位当りの利益が3万円の製品 B を1単位生産するためには，原料1単位と労働力2単位を必要とする．工場で利用可能な原料と労働力は，おのおの4単位と6単位である．このとき，利益を最大にするには，製品 A，B をおのおのどれだけ生産すればよいか？

製品 A，B の生産量を x_1, x_2 で表せば，必要となる原料は A にたいして x_1, B にたいして x_2 となり，利用可能な原料は4であるから

$$x_1 + x_2 \leq 4 \quad (原料制約) \tag{1.1}$$

がなりたたなければならない．すなわち，必要な原料は変数 x_1, x_2 に比例し（比例性），それらの和（加法性）で与えられる．この比例性と加法性を満たす式を**線形**（linear）と呼ぶ．

労働力，利益についても同様であり，この例題は，原料と労働力に関する資源制約形問題として

「制約条件：
$$x_1 + x_2 \leq 4 \quad (原料制約) \tag{1.1}$$
$$x_1 + 2x_2 \leq 6 \quad (労働力制約) \tag{1.2}$$
$$x_1 \geq 0, \ x_2 \geq 0 \quad (非負制約) \tag{1.3}$$

のもとで

目的関数：
$$z = 2x_1 + 3x_2 \quad (利益) \tag{1.4}$$

を最大にする生産量 x_1^*, x_2^* と最大利益 z^* を求めよ．」

と定式化できる．x_1^*, x_2^* を**最適解**（optimal solution），z^* を**最大値**（maximum value）と呼び，すべての制約条件を満たす解を**実行可能解**（feasible solution），その領域を**実行可能領域**（feasible region）と呼んでいる．例題の実行可能解は式(1.1)〜(1.3)を満たす点 (x_1, x_2) であり，実行可能領域は**図1.1** の四辺形 ABCD で示される．

図には，利益 $z = 8$ を与える直線と z の増加方向を示す矢印も示されており，z は点 C で最大となり，点 C が最適解である．以下，例題をより簡潔に，

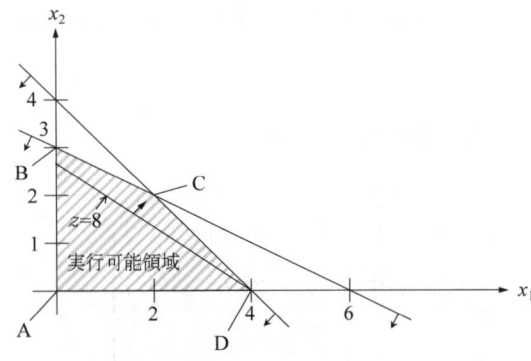

図 1.1 生産計画問題(例題 1.1)

つぎのように表すことにする。

例題 1.1 生産計画問題

最大化　　$z = 2x_1 + 3x_2$ （1.4）

制約条件　$x_1 + x_2 \leq 4$ （1.1）

　　　　　$x_1 + 2x_2 \leq 6$ （1.2）

　　　　　$x_1,\ x_2 \geq 0$ （1.3）

　この例題のように,目的関数,制約条件がすべて線形(各変数の 1 次式)で与えられる数理計画問題は,一般に**線形計画問題**(linear programming problem)と呼ばれ,その解法・理論を**線形計画法**(linear programming)と呼んでいる。

　この[例題 1.1]を一般化し,m タイプの資源を用いて n 種類の製品を生産する工場を考える。データとして

　a_{ij}：製品 j, $j = 1, \cdots, n$ を 1 単位生産するのに要する資源 i, $i = 1, \cdots, m$ の量

　b_i：資源 i, $i = 1, \cdots, m$ の利用可能量($b_i \geq 0$)

　c_j：製品 j, $j = 1, \cdots, n$ の 1 単位当りの利益

が与えられ,利益を最大化するように決定される変数は

　x_j：製品 j, $j = 1, \cdots, n$ の生産量

である。したがって，n 製品，m 資源にたいする生産計画問題は，つぎのように定式化される。

[問題] **1.1 資源制約型線形計画問題**

$$\text{最大化} \quad z = c_1 x_1 + c_2 x_2 + \cdots + c_n x_n \tag{1.5}$$

$$\text{制約条件} \quad \left. \begin{array}{l} a_{11} x_1 + a_{12} x_2 + \cdots + a_{1n} x_n \leq b_1 \\ a_{21} x_1 + a_{22} x_2 + \cdots + a_{2n} x_n \leq b_2 \\ \quad \vdots \\ a_{m1} x_1 + a_{m2} x_2 + \cdots + a_{mn} x_n \leq b_m \end{array} \right\} \tag{1.6}$$

$$x_1, \ x_2, \ \cdots, \ x_n \geq 0 \tag{1.7}$$

式(1.5)を目的関数，式(1.6)を制約条件，式(1.7)を**非負制約** (nonnegative constraint)，式(1.6)，(1.7)を満たす解を実行可能解，z を最大にする実行可能解を最適解と呼ぶ。

特に，線形計画問題において式(1.6)の制約条件を持つ問題を，資源制約型線形計画問題と呼ぶことにする。

石油精製プラント，製鉄所，半導体製造工場などにおける現実の生産計画においては，各種製品生産量以外に原油処理量，混合比，配分量なども同時に決定しなければならず，さまざまな制約条件を持つ線形計画問題として定式化される。

[問題] **1.2 線形計画問題**

$$\text{最大化} \quad z = c_1 x_1 + c_2 x_2 + \cdots + c_n x_n$$

$$\text{制約条件} \quad a_{i1} x_1 + a_{i2} x_2 + \cdots + a_{in} x_n \leq b_i, \ i = 1, \cdots, m_1$$

$$a_{i1} x_1 + a_{i2} x_2 + \cdots + a_{in} x_n \geq b_i, \ i = m_1 + 1, \cdots, m_2$$

$$a_{i1} x_1 + a_{i2} x_2 + \cdots + a_{in} x_n = b_i, \ i = m_2 + 1, \cdots, m$$

$$x_1, \ x_2, \ \cdots, \ x_n \geq 0$$

ここで，$b_i \geq 0, \ i = 1, \cdots, m$ である。

［例題1.1］，［問題1.1］にたいしては3.2～3.4節で単体法による解法が説明

されており，[問題 1.2] にたいしては 3.5 節で 2 段階法による解法と VBA プログラムが示されている．また，3.9 節でソルバーによる解法が説明されている．

1.2.2 輸 送 問 題

あるメーカーは，m 箇所に工場 F_1，F_2，…，F_m を持ち，そこで生産した製品を n 箇所の市場 M_1，M_2，…，M_n に供給している．単位量の製品を各工場 F_i，$i = 1$，…，m から各市場 M_j，$j = 1$，…，n へ輸送するのに要する費用 c_{ij} が知られている．

各工場 F_i の生産能力 a_i および各市場 M_j の需要量 b_j が与えられたとき，各市場の需要を満たす F_i から M_j への輸送量 x_{ij}，$i = 1$，…，m，$j = 1$，…，n を，輸送費用が最小になるように定めたい．

[問題] 1.3 輸送問題

最小化　　$z = c_{11}x_{11} + c_{12}x_{12} + \cdots + c_{mn}x_{mn} = \sum_{i=1}^{m}\sum_{j=1}^{n} c_{ij}x_{ij}$

制約条件　$x_{i1} + x_{i2} + \cdots + x_{in} \leq a_i$，$i = 1$，…，$m$

$x_{1j} + x_{2j} + \cdots + x_{mj} = b_j$，$j = 1$，…，$n$

x_{11}，x_{12}，…，$x_{mn} \geq 0$

ここで，総生産能力 $(a_1 + a_2 + \cdots + a_m) \geq$ 総需要量 $(b_1 + b_2 + \cdots + b_m)$ である．

この問題は，線形計画問題の代表的なものであり，制約条件の持つ特殊な構造を利用したアルゴリズムが知られている．しかし大規模な問題でなければ，3.5 節の VBA プログラムあるいは 3.9 節のソルバーを用いて容易に解くことができる．

1.2.3 栄 養 問 題

健康を維持するためには，エネルギー，蛋白質，カルシウムなどのミネラル，各種ビタミンについて定められた必要最低量を毎日取らなければならない．

いま，対象とする栄養素として m 種の栄養素を考え，これら栄養素を n 種

の食品から取ることを考える。食品 j, $j = 1, \cdots, n$ は単位量当り，栄養素 i, $i = 1, \cdots, m$ を a_{ij} 単位含み，栄養素 i の必要最低量は b_i である。食品 j の単位量当り価格 c_j が与えられたとき，すべての栄養素の必要最低量を最も経済的に取るためには，食品 j の購入量 x_j をどのように決めればよいか。

[問 題] **1.4 栄養問題**（[問題1.1] の双対問題）

最小化　　$z = c_1 x_1 + c_2 x_2 + \cdots + c_n x_n$

制約条件　$a_{i1} x_1 + a_{i2} x_2 + \cdots + a_{in} x_n \geq b_i,\ i = 1, \cdots, m$

　　　　　$x_1,\ x_2,\ \cdots,\ x_n \geq 0$

この問題もまた線形計画問題の代表的なものであり，3.5節の VBA プログラムあるいは3.9節のソルバーを用いて容易に解くことができる。また，この問題は線形計画法の双対理論における，[問題1.1] に対する双対問題の形式であり，3.7節で詳しく説明されている。

1.2.4　最短経路問題

例題として，図1.2で示される都市1～5を結ぶ道路網を考える。ここで図中の数字は，都市間の所要時間を表す。

例えば，都市1から3への矢線の数字2は，都市1から3へは一方通行で，その所要時間が2時間であることを示している。このとき，都市1から各都市 j, $j = 2, \cdots, 5$ へ最短時間で行く経路を求めたい。

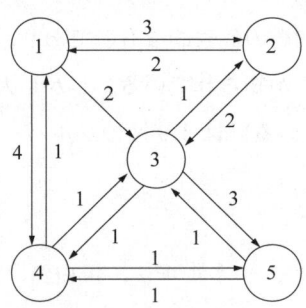

図1.2　最短経路問題
（例題1.2）

1.2 システム最適化

この問題は**最短経路問題**（shortest path problem）と呼ばれ，**ネットワークフロー問題**[1]† (network flow problem) の代表的な問題である。

集合 N および N の要素の順序対からなる集合 A を考え，2つの集合 (N, A) を**グラフ**（graph）G と呼ぶ。N の要素を G の**点**（point）あるいは**ノード**（node），**頂点**（vertex）と呼び，A の要素を**枝**（edge）あるいは**アーク**（arc），**矢線**（arrow）と呼ぶ。そして，グラフ G の各枝に所要時間，距離，費用，容量などの特性値が与えられたものを，**ネットワーク**（network）と呼んでいる。

図のネットワークにたいする集合 N は，明らかに $N = \{1, \cdots, 5\}$ である。例えば，都市1から2への矢線を枝$(1, 2)$と表せば，$A = \{(1,2), (1,3), (1,4), (2,1), (2,3), (3,2), (3,4), (3,5), (4,1), (4,3), (4,5), (5,3), (5,4)\}$ である。枝 (i, j) の特性値は所要時間であり，c_{ij} で表せば $\{c_{12} = 3, c_{13} = 2, \cdots, c_{54} = 1\}$ と与えられる。

この最短経路問題を定式化するために，都市1から各都市 j, $j = 2, \cdots, 5$, へ1台ずつ車を走らせ，その総所要時間を最小化することを考える。枝 (i, j) を通る車の台数を x_{ij} で表せば，最小化すべき目的関数は

$$z = c_{12}x_{12} + c_{13}x_{13} + \cdots + c_{54}x_{54} = \sum_{(i,j) \in A} c_{ij} x_{ij}$$

である。都市1からは4台の車が出発するから，$OUT(i)$ で i から出る枝の行先の集合 $\{j ; (i, j) \in A\}$ を表すことにすれば，$OUT(1) = \{2, 3, 4\}$ であり

$$x_{12} + x_{13} + x_{14} = \sum_{j \in OUT(1)} x_{1j} = 4$$

がなりたつ。都市2では，都市2へ入ってきた車の1台は都市2を目的地としており，都市2から出る車の台数は1台減少するので，$IN(i)$ で i へ入る枝の出先の集合 $\{h ; (h, i) \in A\}$ を表すことにすれば

$$x_{21} + x_{23} - (x_{12} + x_{32}) = \sum_{j \in OUT(2)} x_{2j} - \sum_{h \in IN(2)} x_{h2} = -1$$

である。都市3，4，5についても同様であり，図の最短経路問題は，つぎの［例題1.2］として定式化される。

---

† 肩付き数字は，巻末の引用・参考文献の番号を表す。

例題 1.2 最短経路問題

最小化　　$z = c_{12}x_{12} + c_{13}x_{13} + \cdots + c_{54}x_{54} = \sum_{(i,j) \in A} c_{ij} x_{ij}$

制約条件　$x_{12} + x_{13} + x_{14} = \sum_{j \in OUT(1)} x_{1j} = 4$

$\sum_{j \in OUT(i)} x_{ij} - \sum_{h \in IN(i)} x_{hi} = -1, \quad i = 2, \cdots, 5$

$x_{ij} \geq 0, \quad (i, j) \in A$

したがって，一般に都市 1 を出発し，都市 $2 \sim n$ へ行く最短経路を求める問題は，枝の集合 A と所要時間 $\{c_{ij} ; (i, j) \in A\}$ が与えられたとき，以下のように定式化される。

問題 1.5 最短経路問題

最小化　　$z = \sum_{(i,j) \in A} c_{ij} x_{ij}$

制約条件　$\sum_{j \in OUT(1)} x_{1j} = n - 1$ 　　　　　　　　　　　(1.8)

$\sum_{j \in OUT(i)} x_{ij} - \sum_{h \in IN(i)} x_{hi} = -1, \quad i = 2, \cdots, n$ 　　(1.9)

$x_{ij} \geq 0, \quad (i, j) \in A$

ここで，式(1.8)は都市 1 から車が $n - 1$ 台出発することを表し，式(1.9)は各都市 i で車が 1 台ずつ減ることを表している。

〔例題1.2〕，〔問題1.5〕における変数 x_{ij} は車の台数を表し，したがって整数でなければならない。しかし，制約条件(1.8)，(1.9)の持つ特別な性質〔これを**全ユニモデュラ** (totally unimodular) と呼ぶ[†]〕から，〔例題1.2〕，〔問題1.5〕を線形計画問題として解けば，最適解は必ず整数になる。

したがって，最短経路が存在すれば，〔例題1.2〕，〔問題1.5〕は 3.5 節の VBA プログラムあるいは 3.9 節のソルバーを用いて解くことができる。

しかし，最短経路問題にはその性質をうまく利用したより高速なアルゴリズムが知られている。4.2 節で動的計画法による解法を説明し，現在もっとも高

[†] 式(1.8)，(1.9)からなる連立 1 次方程式を考える。その係数行列の任意の部分正方行列が行列式 1，0，−1 の値をとるとき，全ユニモデュラと呼ばれる。このときクラメール (Cramer) の公式から，解が存在すれば整数値をとることが示される。

速なアルゴリズムとして知られるダイクストラ法を 4.3 節で述べる。さらに，全都市間の最短経路を求めるワーシャル・フロイド法を 4.3 節で，ダイクストラ法を含めた VBA プログラムを 4.4 節で説明する。

1.2.5 プロジェクト管理（日程計画）

プロジェクトは，その開始を点 1，その完了を点 n で表し，各作業を枝 (i, j) で，その作業時間を c_{ij} で表せば，ネットワーク (N, A) で表すことができる。ここで，$N = \{1, \cdots, n\}$ であり，点 $i \in N$ からの作業 $\{(i, j); j \in OUT(i)\}$ は，i への作業 $\{(h, i); h \in IN(i)\}$ がすべて終了したときにのみ始めることができる。

このときこのプロジェクトの完了時間は，点 1 から点 n へのすべての作業が終了する最長経路の時間で与えられる。そして最長経路は**クリティカルパス**（critical path）と呼ばれ，そのパス上の作業はその作業の遅れがプロジェクト完了時間の遅れに直結するため，プロジェクト管理上最重要の作業となる。

この問題は，受注製品の生産をプロジェクトと考えれば，受注生産の日程計画でもある。

[問題] **1.6 プロジェクト管理**（日程計画，最長経路問題）

$$
\begin{aligned}
\text{最大化} \quad & z = \sum_{(i,j) \in A} c_{ij} x_{ij} \\
\text{制約条件} \quad & \sum_{j \in OUT(1)} x_{1j} = 1 \\
& \sum_{j \in OUT(i)} x_{ij} - \sum_{h \in IN(i)} x_{hi} = 0, \quad i = 2, \cdots, n-1 \\
& \sum_{h \in IN(n)} x_{hn} = 1 \\
& x_{ij} \geq 0, \quad (i, j) \in A
\end{aligned}
$$

［問題 1.6］も，3.5 節の VBA プログラムあるいは 3.9 節のソルバーを用いて容易に解くことができる。しかし最短経路問題同様，その性質を利用したより簡便な手法として **PERT**（program evaluation and review technique）が知られている。

さらに，「最も経済的に要求された納期に間に合わせるには，どのクリティ

カルパス上の作業に資金を投入して作業時間を短縮すればよいか？」は，**CPM** (critical path method) を用いて解くことができる。

PERT, CPM については，例えば文献 72) を参照されたい。

1.2.6 最小費用流問題

ある商品を，ネットワーク (N, A) 上の与えられた生産量を持つ複数の生産拠点から，与えられた需要量を持つ複数の消費地へ，最小の輸送費で輸送するための各枝 $(i, j) \in A$ の輸送量 x_{ij} を求めたい。

枝 (i, j) の単位量当り輸送費を c_{ij} とおき，各地点 $i \in N$ にたいする b_i を，生産拠点 i にたいしては生産量 $b_i (>0)$，消費地 i にたいしては需要量 $-b_i (b_i<0)$，通過地点 i にたいしては $b_i = 0$ で与える。

このとき，**最小費用流問題**（minimum cost flow problem）は，つぎの線形計画問題として定式化される。

[問題] **1.7 最小費用流問題**

最小化 　　$z = \sum_{(i,j) \in A} c_{ij} x_{ij}$

制約条件 　　$\sum_{j \in OUT(i)} x_{ij} - \sum_{h \in IN(i)} x_{hi} = b_i, \ i \in N$ 　　　(1.10)

　　　　　　$l_{ij} \leq x_{ij} \leq u_{ij}, \ (i, j) \in A$

ここで，l_{ij}, u_{ij} は枝 (i, j) の輸送量の下限と上限であり

$$\sum_{i \in N} b_i = 0$$

がなりたつものとする。もしこの等式が成立しなければ，輸送費用がかからない仮想的な消費地（あるいは生産拠点）を考え，そこの需要量（あるいは生産量）を等式が成立するように与えればよい。［問題1.7］も，3.5節のVBAプログラムあるいは3.9節のソルバーを用いて容易に解くことができる。

最小費用流問題はネットワークフロー問題[1])の最も基本的なものであり，特殊な場合として［問題1.5］，［問題1.6］はもとより，地点 1 から地点 n へネットワークを通して最大量を輸送する最大流問題など，応用上重要な多くの問題を含んでいる。

また，制約条件(1.10)は全ユニモデュラであり，b_i と上限，下限がすべて整数であれば，[問題 1.5]，[問題 1.6] 同様，最適解も整数となる。

1.2.7 ナップサック問題

ピクニックに行くとき，持っていく品物をその効用が最大になるように，限られた容積 b のナップサックに詰めたい。候補となる品物が n 個あり，品物 j，$j=1,\cdots,n$，の容積が a_j，その効用が c_j で与えられている。変数 $x_j=1$（あるいは 0）で品物 j を詰める（詰めない）ことを表すことにする。

この問題は**ナップサック問題**（knapsack problem）と呼ばれ，以下のように定式化される。

[問題] **1.8 ナップサック問題**

最大化　　$z = \sum_{j=1}^{n} c_j x_j$ 　　　　　　　　(1.11)

制約条件　$\sum_{j=1}^{n} a_j x_j \leq b$ 　　　　　　　　(1.12)

　　　　　$x_j = 0$ あるいは 1，$j=1,\cdots,n$ 　　(1.13)

ここで，式(1.11)は詰めた品物の総効用を最大にすることを表し，式(1.12)はナップサックの容積制約を，式(1.13)は変数の整数制約を表している。

このように，変数に整数制約が付加された線形計画問題は，**整数計画問題**（integer programming problem）と呼ばれ，ナップサック問題は最も簡単な整数計画問題である。またこの問題は，ナップサックに詰める品物の最適な組合せを求める問題でもあり，**組合せ計画問題**（combinatorial programming problem）とも呼ばれる。

ナップサック問題に対する解法は，5 章の動的計画法をはじめ種々知られているが，5.3 節では整数計画問題あるいは組合せ計画問題に対する基本的解法として，分枝限定法による解法を説明し，その VBA プログラムを述べる。

分枝限定法は，広範囲の問題に適用可能な解法ではあるが，対象とする問題固有の性質を利用した考察が必要であり，例えば 5.3 節の VBA プログラムは，[問題 1.8] にのみ有効である。

1.2.8 巡回セールスマン問題

例題として,図1.2のネットワークを考える.都市1に営業所があるセールスマンが,営業所から出発し,都市2〜5に住む顧客を1度ずつ訪問し,最短時間で営業所へ戻ってくる巡回路を求めたい.

最短経路問題同様,$N = \{1, \cdots, 5\}$ であり,枝の集合が A である.枝 (i, j) の所要時間を c_{ij} で表せば,ネットワーク (N, A) 上で都市1から出発し,都市2〜5を最短時間で1度ずつ訪問する巡回路を求める問題となる.

この問題は**巡回セールスマン問題** (traveling salesman problem, 略してTSP) と呼ばれ,組合せ計画問題の代表的なものである.この巡回セールスマン問題を定式化するために,$y_{ij} = 1$ (あるいは 0) でセールスマンが枝 (i, j) を通る(通らない)ことを表すことにする.最小化すべき目的関数はその総所要時間であり

$$z = \sum_{(i,j) \in A} c_{ij} y_{ij} \tag{1.14}$$

である.セールスマンは都市1からいずれかの都市へ出発しなければならず

$$y_{12} + y_{13} + y_{14} = 1 \tag{1.15}$$

を満足しなければならない.各都市 $i = 2, \cdots, 5$ にたいしても同様に,いずれかの都市へ出なければならず,i から出る枝の行先集合 $OUT(i)$ にたいして

$$\sum_{j \in OUT(i)} y_{ij} = 1, \quad i = 2, \cdots, 5 \tag{1.16}$$

である.また逆に,セールスマンは各都市 $i \in N$ へどこかの都市から入らなければならず,i へ入る枝の出先集合 $IN(i)$ にたいして

$$\sum_{h \in IN(i)} y_{hi} = 1, \quad i = 1, \cdots, 5 \tag{1.17}$$

である.式(1.15)〜(1.17)により,セールスマンは各都市 i へどこかの都市から入り,そこからいずれかの都市へ出るから,1から出発し,1へ戻る巡回路が構成されるように思われる.しかし

$$y_{12} = y_{21} = 1, \ y_{34} = y_{45} = y_{53} = 1, \ その他の \ y_{ij} = 0 \tag{1.18}$$

は式(1.15)〜(1.17)を満足するが,1から出て1へ戻る巡回路ではなく,部分巡回路 $\{1 \to 2 \to 1\}$ 〔以後簡単に $(1,2,1)$ と表す〕と $(3,4,5,3)$ を構成す

る。このような部分巡回路を排除するための条件がいくつか考えられているが，ここでは非負変数 x_i, $i = 2, \cdots, 5$ を用いたつぎの条件

$$x_i - x_j + 5y_{ij} \leq 4, \quad (i, j) \in A, \quad i, j = 2, \cdots, 5 \tag{1.19}$$

を考える。式(1.18)の部分巡回路にたいして，この条件は

$$x_3 - x_4 + 5 \leq 4$$
$$x_4 - x_5 + 5 \leq 4$$
$$x_5 - x_3 + 5 \leq 4$$

となり，辺々加えれば $15 \leq 12$ となり，条件を満たさず排除される。これにたいして巡回路，例えば $(1,2,3,5,4,1)$ にたいしては

$$x_2 - x_3 + 5 \leq 4$$
$$x_3 - x_5 + 5 \leq 4$$
$$x_5 - x_4 + 5 \leq 4$$

となり，辺々加えても

$$x_2 - x_4 + 15 \leq 12$$

となるので実行可能である。

したがって，図のネットワークにたいする巡回セールスマン問題は，式(1.14)〜(1.19)から，つぎの［例題1.3］として定式化される。

例題 1.3 図1.2にたいする巡回セールスマン問題

最小化 $\quad z = \sum_{(i,j) \in A} c_{ij} y_{ij}$ \hfill (1.14)

制約条件 $\quad \sum_{j \in OUT(i)} y_{ij} = 1, \quad i = 1, \cdots, 5$ \hfill (1.15), (1.16)

$\qquad\qquad \sum_{h \in IN(n)} y_{hi} = 1, \quad i = 1, \cdots, 5$ \hfill (1.17)

$\qquad\qquad x_i - x_j + 5y_{ij} \leq 4, \quad (i, j) \in A, \quad i, j = 2, \cdots, 5$ \hfill (1.19)

$\qquad\qquad x_i \geq 0, \quad i = 2, \cdots, 5$

$\qquad\qquad y_{ij} = 0 \text{ あるいは } 1, \quad (i, j) \in A$

同様にして，一般の n 都市ネットワーク (N, A) にたいする巡回セー

ルスマン問題は，以下のように定式化される。

問題 1.9　巡回セールスマン問題

最小化　　$z = \sum_{(i,j) \in A} c_{ij} y_{ij}$

制約条件　$\sum_{j \in OUT(i)} y_{ij} = 1, \ i = 1, \cdots, n$

　　　　　$\sum_{h \in IN(i)} y_{hi} = 1, \ i = 1, \cdots, n$

　　　　　$x_i - x_j + n y_{ij} \leq n - 1, \ (i, j) \in A, \ i, j = 2, \cdots, n$

　　　　　$x_i \geq 0, \ i = 2, \cdots, n$

　　　　　$y_{ij} = 0$ あるいは $1, \ (i, j) \in A$

[問題1.9] のように，実数 x_i と整数 y_{ij} が混在する問題は，**混合整数計画問題** (mixed integer programming problem) と呼ばれ，そのソルバーによる解法が5.4節で説明されている。

混合整数計画問題の一般形は，線形計画問題における一部の変数が整数に制約された問題である。

問題 1.10　混合整数計画問題

最小化　　$z = c_1 x_1 + c_2 x_2 + \cdots + c_n x_n$

制約条件　$a_{i1} x_1 + a_{i2} x_2 + \cdots + a_{in} x_n \leq b_i, \ i = 1, \cdots, m_1$

　　　　　$a_{i1} x_1 + a_{i2} x_2 + \cdots + a_{in} x_n \geq b_i, \ i = m_1 + 1, \cdots, m_2$

　　　　　$a_{i1} x_1 + a_{i2} x_2 + \cdots + a_{in} x_n = b_i, \ i = m_2 + 1, \cdots, m$

　　　　　$x_j \geq 0, \ j = 1, \cdots, n_1$

　　　　　$x_j = l_j, \ l_j + 1, \cdots, u_j - 1, u_j, \ j = n_1 + 1, \cdots, n$

ここで，$b_i \geq 0, \ i = 1, \cdots, m$ であり，$l_j, u_j, \ j = n_1 + 1, \cdots, n$ は整数である。5.4節に，整数計画問題を含んだソルバーによる解法が説明されている。

1.2.9　スケジューリング問題

ある工場の始業時間に m 個のジョブが加工を待っており，なるべく早く m 個すべてのジョブを完成したい。これらジョブ $J_i, \ i = 1, \cdots, m$ は，工程1

から順に工程 n までの n 工程を経て完成され,各工程 k, $k = 1, \cdots, n$ における加工時間 p_{ik} が与えられている.x_{ik} でジョブ J_i の工程 k における加工開始時間を表し,$y_{ijk} = 1$ (あるいは 0) でジョブ J_i がジョブ J_j より先に工程 k で加工される (加工されない) ことを表すことにする.目的関数は,最終工程の各ジョブの完成時間 ($x_{in} + p_{in}$) の最大値を最小にすることであり

最小化 $\quad z$

制約条件 $\quad z \geq x_{in} + p_{in}, \ i = 1, \cdots, m$

と表すことができる.また,各ジョブ J_i は工程順に加工されなければならず

$$x_{ik} + p_{ik} \leq x_{ik+1}, \ i = 1, \cdots, m, \ k = 1, \cdots, n-1$$

であり,各工程 k は一度に 1 つのジョブしか加工できず,M で十分に大きな数を表すことにすれば

$$x_{ik} - x_{jk} \geq p_{jk} - My_{ijk}, \ i, j = 1, \cdots, m, \ i \neq j, \ k = 1, \cdots, n$$

$$x_{jk} - x_{ik} \geq p_{ik} - M(1 - y_{ijk}),$$

$$i, j = 1, \cdots, m, \ i \neq j, \ k = 1, \cdots, n$$

がなりたたなければならない.

したがって,**最大完了時間** (makespan) を最小化するスケジューリング問題は,以下のように定式化される.

[問題] **1.11 スケジューリング問題**

最小化 $\quad z$

制約条件 $\quad z \geq x_{in} + p_{in}, \ i = 1, \cdots, m$

$\quad\quad\quad x_{ik} + p_{ik} \leq x_{ik+1}, \ i = 1, \cdots, m, \ k = 1, \cdots, n-1$

$\quad\quad\quad x_{ik} - x_{jk} \geq p_{jk} - My_{ijk},$

$\quad\quad\quad\quad i, j = 1, \cdots, m, \ i < j, \ k = 1, \cdots, n$

$\quad\quad\quad x_{jk} - x_{ik} \geq p_{ik} - M(1 - y_{ijk}),$

$\quad\quad\quad\quad i, j = 1, \cdots, m, \ i < j, \ k = 1, \cdots, n$

$\quad\quad\quad x_{ik} \geq 0, \ i = 1, \cdots, m, \ k = 1, \cdots, n$

$\quad\quad\quad y_{ijk} = 0 \text{ あるいは } 1,$

$$i, j = 1, \cdots, m, \ i < j, \ k = 1, \cdots, n$$

すべてのジョブが同じ工程を経て完成される工場を**フローショップ**（flow-shop）と呼び，そこにおけるスケジューリング問題を**フローショップ問題**と呼ぶ．特に，最大完了時間を最小化する2工程フローショップ問題の最適スケジュールは，**ジョンソン則**（Johnson's rule）と呼ばれている．すなわち，なるべく第2工程を遊ばせないように，第1工程へは加工時間の短いジョブから流し，第2工程は加工時間の長いジョブから流すのが最適である．しかし，このルールは $n \geq 3$ では必ずしも最適ではない．

［問題1.11］は混合整数計画問題であり，ソルバーによる解法が5.4節に説明されている．

1.2.10 配送計画問題

巡回セールスマン問題同様，$N = \{1, \cdots, n\}$ とおき，地点間の枝の集合を A とおく．地点1に配送基地があり，各地点 i, $i = 2, \cdots, n$ の顧客に重量 w_i の荷物を最小の費用で配送したい．配送基地には積載容量 W の車両が必要な台数配備されており，枝 (i, j) 間の配送費用 c_{ij} が与えられている．

問題は，ネットワーク (N, A) 上で総配送費用が最小となるように，積載容量を満たす範囲で配送する顧客とその巡回路を各車両に指示することである．この問題は**配送計画問題**（vehicle routine problem，しばしば VRP と略称される）と呼ばれ，物流における基本問題である．

例題として，10地点間の配送費用 c_{ij} と地点2～10の顧客へ配送する品物の重量 w_i が**表**1.1で与えられ，積載容量 $W = 30$ の配送計画問題を考える．ここで，表の空白は (i, j) 間に枝がないことを示している．

$y_{ij} = 1$（あるいは0）で車両が枝 (i, j) を通る（通らない）ことを表し，x_i で地点 i に着くまでに配送した総重量を表すことにする．スケジューリング問題同様，M で十分大きな数を表すことにすれば，枝 (i, j) を通る車の配送した重量 x_i と x_j の関係は

$$x_i + w_i - x_j \leq M(1 - y_{ij})$$

で与えられる．したがって，表1.1の配送計画問題はつぎの例題として定式化

表 1.1　配送計画問題

	地点1	地点2	地点3	地点4	地点5	地点6	地点7	地点8	地点9	地点10
地点1		3	2	4	5	4	3	3	5	4
地点2	2		2		4					2
地点3	3	1		1	3					
地点4	1		1		1	6				
地点5	4	3	1	1						
地点6	2			5			4		3	
地点7	2							2		2
地点8	1	1					2		3	2
地点9	3					3	2	4		
地点10	5	3						3		
重量		6	5	6	7	6	7	4	8	7

される。

例題 1.4　表 1.1 にたいする配送計画問題

$$\text{最小化} \quad z = \sum_{(i,j) \in A} c_{ij} y_{ij} \tag{1.20}$$

$$\text{制約条件} \quad \sum_{j \in OUT(i)} y_{ij} = 1, \quad i = 2, \cdots, 10 \tag{1.21}$$

$$\sum_{j \in OUT(i)} y_{ij} - \sum_{h \in IN(i)} y_{hi} = 0, \quad i = 2, \cdots, 10 \tag{1.22}$$

$$x_i + w_i - x_j \leq M(1 - y_{ij}), \quad (i, j) \in A,$$
$$i = 2, \cdots, 10 \tag{1.23}$$

$$0 \leq x_i \leq W, \quad i = 1, \cdots, 10 \tag{1.24}$$

$$y_{ij} = 0 \text{ あるいは } 1, \quad (i, j) \in A \tag{1.25}$$

ここで，式(1.20)は最小化すべき総配送費用を表し，また式(1.21)は基地以外の地点 i から出ることを，式(1.22)はいずれかの地点 h から地点 i へ行き，どこかの地点 j へ出ることを表している。また，式(1.23)は上に説明した関係式であり，式(1.24)は積載容量制約を，式(1.25)は変数 y_{ij} の整数制約を表している。

同様にして，一般の n 地点ネットワーク (N, A) にたいする配送計画問題

は，つぎのように混合整数計画問題として定式化される。

問題 1.12　配送計画問題

最小化　　$z = \sum_{(i,j) \in A} c_{ij} y_{ij}$

制約条件　　$\sum_{j \in OUT(i)} y_{ij} = 1, \ i = 2, \cdots, n$

$\sum_{j \in OUT(i)} y_{ij} - \sum_{h \in IN(i)} y_{hi} = 0, \ i = 2, \cdots, n$

$x_i + w_i - x_j \leq M(1 - y_{ij}),$

$(i, j) \in A, \ i = 2, \cdots, n$

$0 \leq x_i \leq W, \ i = 1, \cdots, n$

$y_{ij} = 0$ あるいは $1, \ (i, j) \in A$

混合整数計画問題（問題 1.10）は，一般に変数の次元 n や制約式数 m の増加とともに計算時間が指数的（例えば 2^n）に増大し，**NP 困難**（nondeterministic polynomial-hard）な問題と呼ばれている。このような問題に対しては，実際的な規模の問題の厳密な最適解を求めることは多くの場合困難となり，近似解で我慢しなければならない現状である。

近年，比較的短時間で実用的な精度の近似解を与える解法として，アニーリング法（SA），タブー探索法（TS），遺伝アルゴリズム（GA）などのメタヒューリスティクスが盛んに実際問題に応用されている。5.5 節では，SA, TS, GA を説明し，配送計画問題にたいする応用と VBA プログラムによる解法を説明する。

1.2.11　非線形計画問題

これまで述べてきた問題は，すべて線形計画問題（問題 1.2）あるいは混合整数計画問題（問題 1.10）の範疇に入る問題であった。ここで，これら範疇に入らないつぎの例題を考える。

例題 1.5　制約付きローゼンブロック問題

最小化　　$z = 100(x_2 - x_1^2)^2 + (1 - x_1)^2$ 　　　　　　(1.26)

制約条件　　$x_1 + x_2 \leq 1$ 　　　　　　　　　　　　　　(1.27)

ここで，目的関数(1.26)は，**ローゼンブロック関数**（Rosenbrock's function）と呼ばれる，深い湾曲した谷を持つことで知られた関数であり，[例題1.5]を**制約付きローゼンブロック問題**（constrained Rosenbrock problem）と呼ぶことにする。

ところで制約条件を持たない問題を，一般に**制約なし最適化問題**（unconstrained optimization problem）と呼んでいるが，制約なしローゼンブロック問題が，$x_1 = x_2 = 1$ で最小値 0 をとることは明らかである。このように，目的関数あるいは制約条件に線形でない関数を含む数理計画問題を，一般に**非線形計画問題**（nonlinear programming problem）と呼んでおり，特に制約なし最適化問題と区別する際には，**制約付き最適化問題**（constrained optimization problem）とも呼んでいる。

[問題] **1.13** 非線形計画問題（制約付き最適化問題）

最小化　　$z = f(x_1, x_2, \cdots, x_n)$

制約条件　$g_i(x_1, x_2, \cdots, x_n) \leq 0, \ i = 1, \cdots, m_1$

　　　　　$g_i(x_1, x_2, \cdots, x_n) = 0, \ i = m_1 + 1, \cdots, m$

ここで，n 変数関数 f, g_i は与えられた実数値関数であり，その少なくとも1つは非線形関数である。最小2乗近似問題，各種の最適設計問題，非線形な目的関数を持つ生産計画など，広範囲な実際問題が非線形計画問題として定式化される。

6章では，この問題を解く非線形計画法を説明するが，6.2節でまずソルバーによる解法を述べる。次いで6.3節で，制約なし最適化問題の代表的なアルゴリズムとして，準ニュートン法と共役勾配法を説明する。これらは，ソルバーで使われており，オプションの指定項目にもなっている。6.4節では，制約付き最適化問題（問題1.13）を取り扱い，最適解の必要条件であるカルーシュ・キューン・タッカー条件を説明し，代表的なアルゴリズムとして逐次2次計画法を紹介する。

1.2.12 最適制御問題と多段決定過程

与えられた目的関数を最大あるいは最小にするように,システムの挙動を制御する問題は一般に**最適制御問題**(optimal control problem)と呼ばれ,そのシステムの挙動は状態方程式と呼ばれる微分方程式系で与えられる。この微分方程式系を微小な間隔の時点列で離散化すれば,離散時間制御問題が得られる。

時点列として $\{t_k; k = 0, 1, \cdots, K, K+1\}$ をとり,時点 t_k におけるシステムの状態を y_k,そのときにとる制御量を x_k で表す。このとき,時間区間 $(t_k, t_{k+1}]^\dagger$, $k = 0, 1, \cdots, K$ に得られる利益を $f_k(y_k, x_k)$,終端状態 y_{K+1} で得られる利益を $f_{K+1}(y_{K+1})$ で表せば,離散時間制御問題はつぎのように定式化される。

問題 1.14 離散時間制御問題

最大化 $\quad f(y_0, x_0, y_1, x_1, \cdots, x_K, y_{K+1})$

$$= \sum_{k=0}^{K} f_k(y_k, x_k) + f_{K+1}(y_{K+1}) \tag{1.28}$$

制約条件 $\quad h_k(y_k, x_k, y_{k+1}) = y_{k+1} - y_k - g_k(y_k, x_k) = 0,$

$$k = 0, 1, \cdots, K \tag{1.29}$$

$$x_k \in X_k, \; k = 0, 1, \cdots, K \tag{1.30}$$

ここで,式(1.29)は状態方程式を差分で表したものであり,式(1.30)は制御変数 x_k が与えられた閉集合 X_k の値をとる制約を表している。

明らかにこの問題は,非線形計画問題(問題1.13)であり,ソルバーによる解法が6.2節で説明されている。

離散時間制御問題に対する有力な解法が,動的計画法であり,動的計画法の代表的な問題が**多段決定過程**(multi-stage decision process)である。

---

† 時間区間 $(t_k, t_{k+1}]$ は,$t_k < t \leq t_{k+1}$ を満たす t の区間である。

[問題] **1.15** 多段決定過程

最大化 $\sum_{k=1}^{K} f_k(y_k, x_k)$

制約条件 $y_{k+1} = g_k(y_k, x_k), \ k = 1, \cdots, K$

$x_k \in X_k, \ k = 1, \cdots, K$

[問題 1.15] を解く動的計画法のアルゴリズムが，4.5 節に述べられている。

以上に述べた以外にも，施設配置問題，設備投資計画，石油輸入などを考慮したエネルギー計画，プロセス設計問題，構造物，設備，LSI などの最適設計問題，工場における電力・蒸気などの最適供給問題，道路網の交通信号設定問題，交通量配分問題，通勤客の輸送割当て計画，投資配分計画，航空機などのクルー編成問題，時間割編成問題等々，広範囲にわたる最適化問題が，本書で述べるアルゴリズム，VBA プログラム，ソルバーを用いて解くことができる。

これらの問題はすべて，比較的負担なしにデータを収集，入力できる程度の規模であれば，CD-ROM の VBA プログラム，あるいは Excel のソルバーを用いて容易に解けるであろう。

数理計画問題への定式化については文献 64)，74)，77)，数理計画法については 17)，31)，32)，58)，70) を参考にされたい。

1.3 Excel

Excel は，さまざまな機能を持つ，二次元の表を対象とした**表計算**（spread sheet）ソフトウェアである。表計算ソフトは，表の上で作表，集計，計算を統合的に行うソフトウェアであり，実務上なくてはならないものとなっている。

Excel では，二次元の表を**ワークシート**（worksheet）（図 1.3）と呼び，縦・横の罫線で区切られた最小単位の領域を**セル**（cell），セルの横の並びを**行**（row），縦の並びを**列**（column）と呼んでいる。データは，セルの 1 つ 1 つに入力され，それらを縦・横に集計したり，複数のデータを組み合わせて計算するのが便利なようにできている。これらの使用法については，2 章で詳し

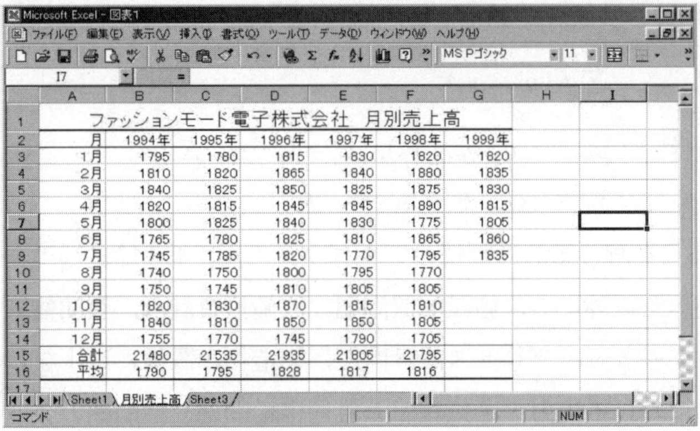

ファッションモード電子株式会社　月別売上高

月	1994年	1995年	1996年	1997年	1998年	1999年
1月	1795	1780	1815	1830	1820	1820
2月	1810	1820	1865	1840	1880	1835
3月	1840	1825	1850	1825	1875	1830
4月	1820	1815	1845	1845	1890	1815
5月	1800	1825	1840	1830	1775	1805
6月	1765	1780	1825	1810	1865	1860
7月	1745	1785	1820	1770	1795	1835
8月	1740	1750	1800	1795	1770	
9月	1750	1745	1810	1805	1805	
10月	1820	1830	1870	1815	1810	
11月	1840	1810	1850	1850	1805	
12月	1755	1770	1745	1790	1705	
合計	21480	21535	21935	21805	21795	
平均	1790	1795	1828	1817	1816	

図 1.3　ワ ー ク シ ー ト

く説明する。

Excel には，このような表計算機能のほかに，以下に示す多様な機能が用意されている[2),14),56)]。

（1）　グラフ作成機能　　ワークシート上のデータをもとに，棒グラフ，折れ線グラフ，円グラフ，散布図など多様なグラフを作成・編集できる。グラフは，作成したあとからでも，例えば折れ線グラフの一部を棒グラフに変更するなど，自由に編集することもできる。編集機能には以下のようなものがある。

（i）　グラフの書式とサイズの変更

（ii）　グラフ内のフォントの編集

（iii）　軸や目盛線の設定と編集

（iv）　グラフデータの追加と削除

（v）　マップ（地図）上へのデータ表示

（2）　作 図 機 能　　ワークシート上にオートシェイプやワードアートなどによって，図形オブジェクトを作成することができる。これらの図形オブジェクトにたいして，以下の操作が可能である。

（i）　オブジェクトのグループ化

（ii）　オブジェクトの書式設定と変更

（iii）　オブジェクトのサイズと配置の変更

（ⅳ）カメラボタンによる画像のコピー

また，図形オブジェクトを VBA プログラムによって操作することも可能である．

（3） 印刷機能　　印刷に関連したおもな機能には，以下のものがあげられる．

（ⅰ）印刷領域や印刷方向の指定
（ⅱ）拡大/縮小印刷
（ⅲ）詳細なページレイアウト設定

（4） データベース機能　　Excel を用いてデータベースを構築することもできる．Excel の持つデータベース機能には，以下のようなものがある．

（ⅰ）フォームを使用したリストの作成と管理
（ⅱ）フィルタや自動集計機能を利用したリストの分析
（ⅲ）データの入力規制とエラーメッセージの指定
（ⅳ）インターネットを利用した外部データの取得
（ⅴ）リストから特定のフィールドを取り出し，集計・分析するピボットテーブルの作成

（5） 統計解析機能　　統計解析機能には，以下のものがある．

（ⅰ）基本統計量の計算
（ⅱ）ヒストグラムの作成
（ⅲ）順位と百分位数の計算
（ⅳ）乱数（一様乱数，正規乱数，ベルヌーイ乱数，二項乱数ほか）の発生
（ⅴ）線形回帰分析，非線形回帰分析
（ⅵ）分散分析

（6） 関　　数　　統計解析のための関数以外に，以下の関数が用意されている．

（ⅰ）ワークシート関数（算術関数，論理関数，文字列関数など）
（ⅱ）日付/時刻関数
（ⅲ）財務関数（投資，利子，減価償却，有価証券などの分析）

（7）**What-If 分析**　ワークシート上にモデルを作成しておき，データが変化したとき，結果がどのように変化するかを分析するためのツールであり，以下のものがある．

（ⅰ）　シナリオマネージャ

（ⅱ）　ゴールシーク

（ⅲ）　**ソルバー**（solver）：線形計画問題，整数計画問題，混合整数計画問題，非線形計画問題を手軽に解くシステム最適化のためのツールである．

（8）**外部との接続**　外部データを Excel に取り込んだり，他のユーザーとのファイル共有を行ったりすることが可能であり，そのための機能として以下のものが用意されている．

（ⅰ）　OLE（object linking and embedding）による，他のアプリケーションのドキュメントへの Excel データのリンクと埋込み

（ⅱ）　Lotus 1-2-3 で作られたファイルのインポートとエクスポート

（ⅲ）　ネットワークを利用したファイルの共有

（ⅳ）　ハイパーリンクの利用

（ⅴ）　Excel シートの Web 文書への変換

（9）**VBA によるプログラミング機能**[2],[55]　Excel の作業を自動で実行するためのプログラムを**マクロ**（macro）と呼ぶ．複雑な操作を繰り返し実行しなければならない場合や，同じ作業を毎日行うときには非常に便利である．

VBA（Visual Basic for Applications）は，マクロを記述する言語であり，作成したブックにさまざまな機能や特徴を付与することができる．

1.4　CD-ROM 使用の手引き

本書に添付されている CD-ROM には，つぎのファイルが記録されている．

①　LP.xls　　　　　：線形計画法の 2 段階法（3.5 節）

②　Dijkstra.xls　　　：ダイクストラ法，最短経路問題（固定出発点）（4.3 節）

③　DijkstraXY.xls：ダイクストラ法，最短経路問題（固定出発点）（座標

　　　　　　　　　　　　　　　　1.4　CD-ROM 使用の手引き　　27

　　　　　　　　入力方式）（4.3 節）
　④　Floyd.xls　　　：ワーシャル・フロイド法, 最短経路問題（全地点間）
　　　　　　　　（4.3 節）
　⑤　FloydXY.xls　　：ワーシャル・フロイド法, 最短経路問題（全地点間）
　　　　　　　　（座標入力方式）（4.3 節）
　⑥　Knapsack.xls　：分枝限定法，ナップサック問題（5.3 節）
　⑦　SA.xls　　　　：アニーリング法，配送計画問題（5.5.1 項）
　⑧　TS.xls　　　　：タブー探索法，配送計画問題（5.5.2 項）
　⑨　GA.xls　　　　：遺伝アルゴリズム，配送計画問題（5.5.3 項）

ここで，⑨の"GA.xls"はファイル名，「遺伝アルゴリズム」はアルゴリズム名，「配送計画問題」は適用問題名であり，（　）内はそのアルゴリズムが説明されている節を示している。また，これらファイルに含まれる VBA プログラムを実行するためには，使用するパソコンに CD-ROM ドライブが搭載されており，Microsoft Excel 2000 がインストールされていなければならない。

　例として，本書で最初に現れるファイル"LP.xls"を使用する際の使用の手引きを説明する。以下で，マウスの左ボタンを 1 回押して離す操作を**クリック**と呼び，すばやく 2 回押して離す操作を**ダブルクリック**と呼ぶ。
　①　CD-ROM を CD-ROM ドライブに挿入する。自動的に，図 1.4 の画面

　　　　　　　　図 1.4　CD-ROM 挿入後の画面

が現れる。図の画面がもし現れない場合は，マイコンピュータ→CD-ROMの順にダブルクリックし，その中にあるindex.htmをダブルクリックする。

② 図1.4の［線形計画法の2段階法］のところへマウスポインタを移動すると図1.5になるので，そこでクリックする。

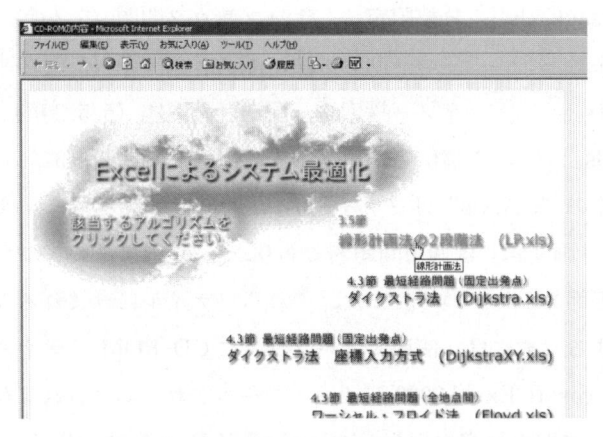

図1.5 線形計画法の2段階法の選択

③ 図1.6のウィンドウが開き，該当するファイル"LP.xls"が現れる。

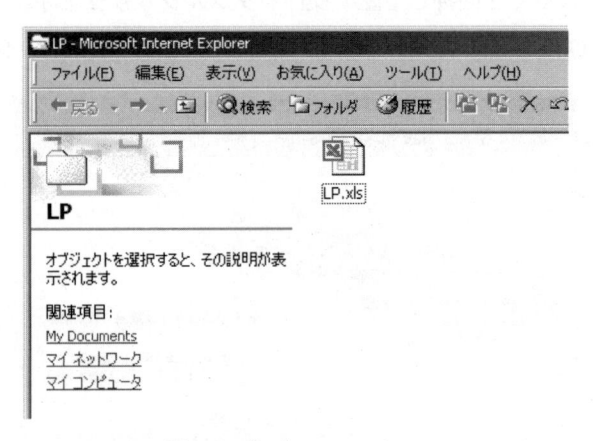

図1.6 該当ファイル

④ 該当ファイルをダブルクリックすれば図1.7となるので，ここでは［マクロを有効にする］をクリックする。Excelが起動し，図1.8で線形計画問題の入力画面となる。

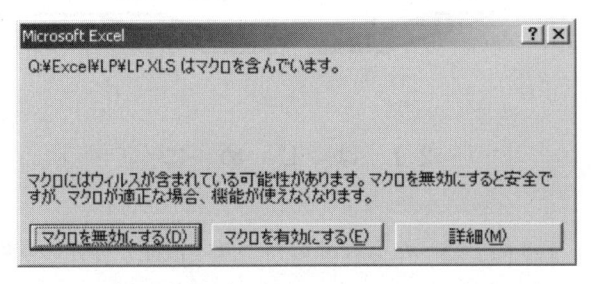

図1.7 マクロの警告

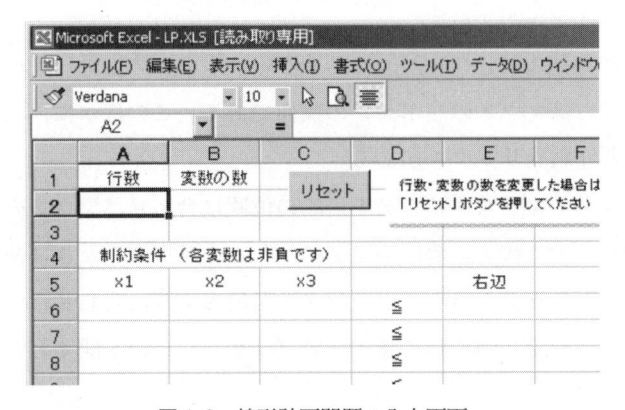

図1.8 線形計画問題の入力画面

2. Excel 概論

2.1 はじめに

　この章では，1.3節で述べたExcelの持つ基本機能と操作の基礎について説明する[43),56)]。Excelは，キーボードだけでも操作できるが，より便利なマウスを用いた操作法を説明する[43)]。
　マウス操作の基本は，「クリック」，「ダブルクリック」，「ドラッグ」の3つであり，これらはマウスの左ボタンの操作である。このほかに，右ボタンを使って操作する「右クリック」がある。

① クリック：マウスポインタを目的の位置に合わせ，マウスの左ボタンを1回押してすぐ離す。機能やファイルなどを選択するときに使用する。

② ダブルクリック：マウスポインタを目的の位置に合わせ，マウスの左ボタンをすばやく2回押して離す。アプリケーションを開くときなどに使用する。

③ ドラッグ：マウスポインタを目的の位置に合わせ，マウスの左ボタン（時に右ボタン）を押したまま，マウスポインタを目的の位置まで移動させた後，ボタンを離す。

④ 右クリック：マウスポインタを目的の位置に合わせ，マウスの右ボタンを1回押してすぐ離す。

2.2 Excel の基礎

2.2.1 Excel の起動

Excel の起動方法は，システムの設定によって変化するが，通常以下の3通りが可能である。

1）方法1：［スタート］ボタンからの起動
　［手順1］　Windows のタスクバーにある［スタート］ボタンをクリック。
　［手順2］　［プログラム (P)］にマウスポインタをおく。
　［手順3］　[Microsoft Excel] を選択して，クリック。

以下では，上記の操作手順を以下のように略記する。

「タスクバーの［スタート］」→［プログラム (P)］→ [Microsoft Excel]

2）方法2：デスクトップに配置された Excel のアイコンからの起動
　［手順］　デスクトップの Excel のアイコンをダブルクリック。

3）方法3：Excel で作成したファイルからの起動
　［手順］　エクスプローラ上の Excel で作成したファイルのアイコンをダブルクリック。

2.2.2 Excel の画面構成

Excel 2000 の画面構成を**図 2.1** に示す。

Excel の画面に付した番号の個所の名称と機能は，以下のとおりである。

① メニューバー：最も基本的なメニューが表示される。
② ツールバー：Excel を操作するためのツールボタンが表示される。
③ 数式バー：アクティブセルのデータを表示し，また編集する。
④ 最小化ボタン：画面を非表示にする。
⑤ 閉じるボタン：画面を閉じる。
⑥ Office アシスタント：Office 製品に共通のユーザーアシスタント。

32 　2．Excel　概　論

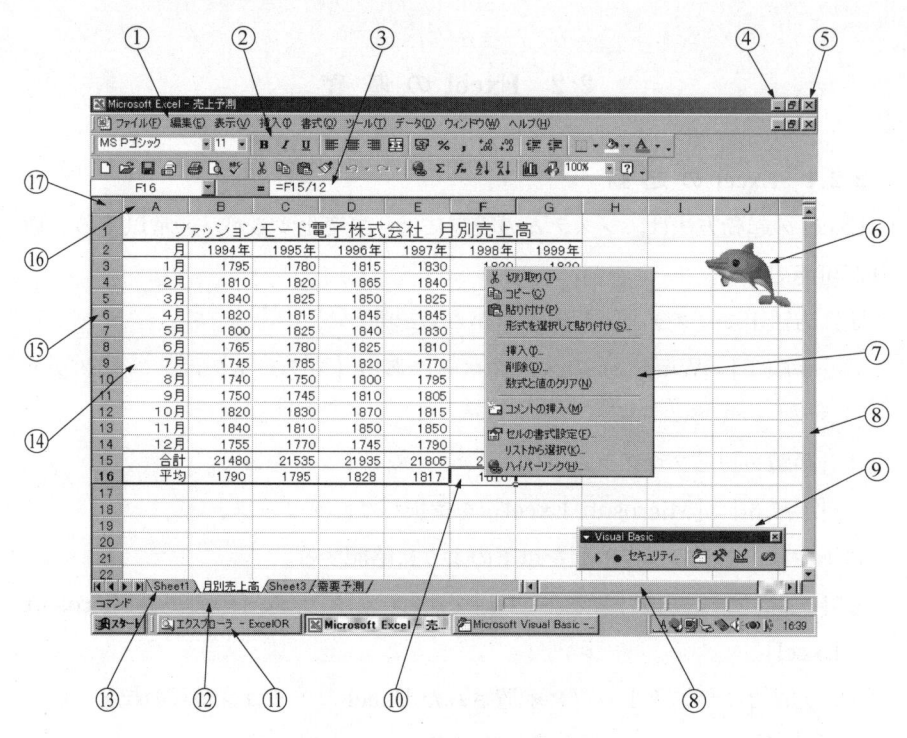

図 2.1　Excel 2000 の画面構成

⑦　ショートカットメニュー：マウスを右クリックすると表示される。

⑧　スクロールバー：ワークシートを横または縦方向にスクロールさせる。

⑨　「Visual Basic」ツールバー：マクロの記録やマクロの実行，マクロの編集のためのツールバーであり，

「メニューバーの［表示（V）］」→［ツールバー（T）］→
［Visual Basic］†

により表示される。

⑩　アクティブセル：クリックやドラッグによって選択されたセル。

---

† マウスを使わずに，キーボードからメニューバーの［表示］を選択するには，［Alt］キーを押しながら［V］キーを押せばよい。これを［Alt＋V］と略記する。また，［表示］のサブメニューである［ツールバー］を選択するには，サブメニューが開いている状態で［T］キーを押せばよい。しかし，［Visual Basic］はキーボードからは選択できず，クリックによらなければならない。

⑪　タスクバー：起動しているプログラムなどが表示される。
⑫　ステータスバー：選択されたコマンドやボタンの説明などが表示される。
⑬　シート見出し：各ワークシートの名前が表示される。
⑭　セル：1つのデータは1つのセルに入力される。
⑮　行番号：行の位置は数字で表示される。
⑯　列番号：列の番号はAからIVまでの英文字で表示される。
⑰　全セル選択ボタン：ワークシート内のすべてのセルを選択する。

なお⑨の「Visual Basic」ツールバーは，2.10節で詳しく説明される。

2.2.3　ブックとワークシート

Excelでは，すべての作業を「ブック」の上で行う。ブックは複数の「シート」をルーズリーフのようにまとめたもので，それらを一括してファイルに保存できる。ブック形式で保存されるシートには，「ワークシート」と「グラフシート」がある。Excelを起動したときには，通常，Sheet 1，Sheet 2，Sheet 3の3つのワークシートを持った［Book 1］という名のブックが自動的に表示される。

ブックやシートの持つ特性や可能な操作には，以下のものがある。

① シートは，追加・削除・名前の変更ができる。
② シートは，移動やコピーができる。
③ 1つのワークシートは，65 536行×256列からなり，したがって65 536×256個のセルを持つ。
④ 複数のブックを一度に開くことができる。

2.2.4　Excelの終了

Excelを終了するには，つぎの2通りの方法がある。

1) 方法1：「メニューバーの［ファイル (F)］」→［終了 (X)］
2) 方法2：Excel画面の右上端の［閉じる］ボタンをクリック。

Excelが終了すると，Windowsの画面に戻る。その際，ブックがファイルに保存されていないと，保存するかどうかの確認メッセージが表示される。

2.3 ファイルのオープンと保存

2.3.1 ファイルのオープン

ファイルを開くには，つぎの4つの方法が代表的である。
1) 方法1：Excelファイルのアイコンをダブルクリック。
2) 方法2：「メニューバーの［ファイル（F）］」→［開く（O）］→「ファイルの入っているフォルダを選択」→「ファイルを選択」→［開く］
3) 方法3：「メニューバーの［ファイル（F）］」→「メニューの下部に表示されたファイル名をクリック」
4) 方法4：「Windowsのタスクバーの［スタート］」→［最近使ったファイル］→「ファイル名をクリック」

2.3.2 ファイルへの保存

作成したブックをファイルに保存する手順には，以下の方法がある。
1) 方法1：「メニューバーの［ファイル（F）］」→［名前を付けて保存（A）］→「［ファイルの保存先］を選択」→「［ファイル名］を入力」→［保存］
2) 方法2：「ツールバーの［上書き保存］」→「［ファイルの保存先］を選択」→「［ファイル名］を入力」→［保存］

なおファイル名には，半角記号 { / ¥ ＞ ＜ ＊ ？ ｜ ： ； ″ } を使用できない。

2.4 データの入力と編集

ワークシートに直接データを入力し，編集する手順について述べる。

2.4.1 文字や数値の入力と日本語入力の起動

文字や数値を直接セルへ入力するには，以下の方法がある。

（1）　**英数字の入力**　　「入力したいセルをクリック」→「文字や数字のデータを入力」→「[Enter] キーを押して確定」

入力データは，[Enter] キーを押すか，または別のセルを選択するまで確定されないことに注意しなければならない。

（2）　**連続したデータの入力**　　「連続した2つのセルにデータを入力」→「2つのセルをドラッグして選択」→「ポインタをそれらアクティブセルの右下角におき，フィルポインタ [＋] に変わるのを待ち，必要なセルまでドラッグして離す」→「アクティブでないセルをクリックして確定」

この方法を用いると連続した数値や日付を効率よく入力できる。また1つのセルをアクティブにして同じ操作を行うと，そのセルのデータがコピーされる。

（3）　**日本語入力**　　日本語入力モードへの切換えは，IME 2000 を使用する場合，コンピュータの機種によって異なる。

① 　DOS/V 機：[半角/全角] キー，または [Alt＋半角/全角] キーを押して行う。

② 　NEC 98 シリーズ：[XFER] キー，または [CTRL＋XFER] キーを押す。

いずれの機種においても，同じ操作を再び行えば，日本語入力モードは解除される。

2.4.2　入力した文字の編集

入力した文字の修正は，つぎの方法で行う。

　　「修正したいセルをダブルクリック」→「[→] と [←] キーを使って修正箇所にカーソルを移動」→「修正して確定」

2.4.3　行や列の挿入と削除

ワークシートへの行や列の挿入・削除は，以下の手順で行うことができる。

（1）　**新しい行や列の挿入**

　　「挿入したい行（列）番号を右クリック」→ [挿入 (I)]

（2）　**行や列の削除**

　　「削除したい行（列）番号を右クリック」→ [削除 (D)]

（3） セルに入っているデータの消去

「削除したいセルの範囲をドラッグ」→「［Delete］キーを押す」

2.4.4 移動とコピー

行，列，およびセルの移動やコピーは，以下の手順で行う．

（1） 行や列の移動とコピー

「行（列）番号をクリック」→「枠線にマウスポインタを合わせる」→「［右ボタン］を押して所定の位置へドラッグ」→「マウスボタンを離す」→「表示されるショートカットメニューの［下へシフトしてコピー（S）］（［下へシフトして移動（D）］）をクリック」

（2） セルの移動とコピー

「移動（コピー）したいセルの範囲をドラッグして選択」→「枠線上にマウスポインタを合わせる」→「［右ボタン］を押して希望のセルにドラッグ」→「［ここへ移動（M）］（［ここへコピー（C）］）をクリック」

「［右ボタン］を押して所定の位置へドラッグ」する代わりに，「［左ボタン］を押して所定の位置へドラッグ」しても，また，カットアンドペースト（移動やコピーしたい箇所をドラッグした後，［右ボタン］をクリック）によっても，移動やコピーを行うことができる．

これらの方法は，使いやすい場面もあるので覚えておくとよいが，操作の機能は限定される．

2.4.5 日付の入力

日付の入力手順は，以下のとおりである．

「日本語入力をオフにする」→「「8月2日」と入力したい場合は，選択したセルに 8/2 と入力して確定」

ここで，セルの内容を確認すると，セルには「8月2日」が，数式バーには「2000/8/2」が表示される．このように，年を省略すると今年の日付と見なされる．日付表示の書式は

［書式（O）］→［セル（E）］→［表示形式］→［日付］

によって変更できる．また，Excel では数値や日付を全角文字で入力できる

が，その場合，数値は自動的に半角に変換される。

2.5 表　　計　　算

表計算のためのおもな機能を以下に説明する。

2.5.1　オートSUMを用いた合計値算出

オートSUMによる行・列の合計を求める手順も複数通りある。以下の手順は，合計した値を表示するセルが自由に選択できる点で便利である。

「求めた合計値を入れるセルをクリック」→「ツールバーの［Σ］ボタンをクリック」→「合計したいセルの範囲をドラッグ」→「[Enter]キーを押す」

なお，「2列目のデータと4列目のデータを合計する」といったような場合は，一度に範囲を選択することができない。そのようなときは，最初に2列目のセルをドラッグし，つぎに［Ctrl］キーを押しながら，4列目のセルをドラッグすればよい。

2.5.2　数 式 の 入 力

「セルE4とセルG5の値の合計をセルB7に入れる」といった計算は，数式を使って行うこともできる。

以下に2通りの手順を示すが，入力間違いの少ないのは後者のほうである。

1) 方法1：「セルB7をクリック」→「セルB7に「＝E4+G5」を入力」→「[Enter]キーを押す」
2) 方法2：「セルB7をクリック」→「セルB7に「＝」だけを入力」→「セルE4をクリック」→「［+］キーを押す」→「セルG5をクリック」→「[Enter]キーを押す」

この手順を終えた後，セルB7を選択すると，B7に入力した数式が「数式バー」に表示される。

Excelには，多様な関数が用意されており，数式の中で使うことができる。関数の種類には，データベース関数，日付/時刻関数，財務関数，論理関数，

三角関数，統計関数などがある．例えば，「＝E4＋G5」は，「SUM関数」を使うと，「＝SUM(E4, G5)」と書くことができる．

2.5.3 数式のコピー

（1） コピーとセルの参照　先の例で，セルB7をB8にコピーすると，B8には「＝E4＋G5」ではなくて，「＝E5＋G6」が入り，その計算結果が表示される．これをセルの「相対参照」と呼んでいる．

特定のセルや列のデータを使いたい場合には，「絶対参照」を行わなければならない．それには，列や行の前に「＄」を付ければよい．上の例で，B8にE5とG5の値の合計値を入れたい場合，B7のセルには「＝E4＋\$G\$5」と書いておく．そうすれば，B7をB8にコピーしたとき，B8は「＝E5＋\$G\$5」となる．なお，相対参照と絶対参照の変換はF4キーを押せばよい．

関数の引数も相対参照が行われる．例えば，B7に「＝SUM(E4, G5)」と書いて，B8にコピーすると，「＝SUM(E5, G6)」となる．

なお，コピーしたいのが数式ではなく，数式によって計算された結果（数値）である場合は，2.4.4項に述べた「移動とコピー」における「表示されるショートカットメニュー」操作の中で，［ここに値のみをコピー (V)］を選択する．

（2） 数式の編集　セルに入力した文字の編集と同じ手順で行う．

2.6　ワークシートの印刷

2.6.1 印刷プレビュー

作成したシートを実際にプリンタで印刷しなくても，「印刷プレビュー」を使って，印刷結果を画面で確認できる．印刷プレビューを開くには，つぎの2通りの方法がある．

1） 方法1：ツールバーの［印刷プレビュー］ボタンをクリック
2） 方法2：「メニューバーの［ファイル (F)］」→［印刷プレビュー (V)］

なお「印刷プレビュー」の画面内で，印刷の書式設定を行うこともできる。

2.6.2　文書スタイルの設定

用紙のサイズや余白などの設定は，以下の手順で行う。

1）方法1：「ツールバーの［印刷プレビュー］」→「メニューバーに配置された［設定（S）］や［余白（M）］をクリック」
2）方法2：「メニューバーの［ファイル（F）］」→［ページ設定（U）］

2.6.3　改　ペ　ー　ジ

改ページは，「改ページプレビュー」画面の中で行うのが便利である。「改ページプレビュー」画面は，以下の手順で表示できる。

1）方法1：「ツールバーの［印刷プレビュー］」→［改ページプレビュー（V）］
2）方法2：「メニューバーの［表示（V）］」→［改ページプレビュー（P）］

元の画面に戻るには，「メニューバーの［表示（V）］」→［標準（N）］をクリックすればよい。

2.7　レ　イ　ア　ウ　ト

セルのサイズ変更や罫線(けい)の引き方など，ワークシートのレイアウトは以下の手順で行う。

2.7.1　セルの幅と高さの変更

幅の狭いセルに大きな数値が入ると，セルには「######」が表示される。このような場合，以下の手順でセルの幅を変更する。

「変更したい列番号の右側の境界線にマウスポインタを合わせる」→「適切な幅の位置まで境界線をドラッグ」

また，境界線をダブルクリックしてもよい。データサイズに合った適切な幅に自動設定される。セルの高さの設定は，行番号について同様な操作を行えばよい。

2.7.2 セルの結合

表のタイトルなどの長い文字列は，複数のセルを1つのセルへ結合して表示する。セルの結合は，つぎの2通りの方法がある。

1）セルの結合1：「結合したいセルをドラッグして選択」→「ツールバーの［セルを結合して中央揃え］ボタンをクリック」

2）セルの結合2：「結合したいセルをドラッグして選択」→「メニューバーの［書式(O)］」→「セル(E)］」→「「配置」タブを選択」→「「セルを結合する」をチェック」

結合したセルを元に戻すには，つぎのように実行する。

「メニューバーの［書式(O)］」→「セル(E)］」→「「配置」タブを選択」→「「セルを結合する」のチェックを解除」

セルの結合は，縦方向，横方向，両方向について可能である。

2.7.3 フォントの変更

ツールバーに「フォント」と「文字サイズ」を変更するコンボボックスが配置されているので，これらをクリックして，希望するフォントや文字サイズを選択する。

2.7.4 罫　　線

罫線を引くには，以下の方法がある。

（1）**罫線パレット**　「罫線パレット」を利用して罫線を引く手順は，以下のとおりである。

「罫線を引くセルをドラッグ」→「ツールバーの［罫線パレット］をクリック」→「希望するパターンを選択」

（2）**自由な罫線**　罫線パレットにない線種を使いたい場合や斜線を引きたい場合は，つぎの手順を実行する。

「斜線や罫線を引くセルをドラッグ」→「メニューバーの［書式(O)］」→［セル(E)］→「［罫線］タブを選択」→「希望する罫線パターンや線種を選択」→［OK］

［書式(O)］の［セル(E)］をクリックすると，罫線のほかに，表示形式，

文字の配置，フォントとサイズ，セルの彩色とパターン，保護を設定するダイアログボックスのタブが表示される。

2.8 グ ラ フ

Excelの「グラフウィザード」は，グラフを作成・編集するのに便利なツールであり，これによって多種類のグラフを作成できる。

2.8.1 グラフの作成

グラフ作成の手順は，以下のとおりである。

「グラフにしたいデータをドラッグして選択」→「ツールバーの［グラフウィザード］」→「［グラフの種類（C）］と［形式（T）］を1つ選択して［次へ］をクリック」→「［系列］タブをクリックして，不要な系列を削除して［次へ］をクリック」→「グラフの「タイトル」，「凡例」，「目盛線」などを設定して［次へ］をクリック」→「［グラフの作成場所］を選択」→［完了］

グラフはいったん作成した後からでも自由に変更できることを注意しておく。

2.8.2 文字の挿入

図中に，グラフの説明などを挿入することができる。

「グラフを選択」→「「グラフエリア」または「プロットエリア」をクリック」→「数式バーをクリック」→「文字を入力して［Enter］キーを押す」→「グラフの中に表示された文字枠の外縁にマウスを合わせ，希望の位置までドラッグ」

2.8.3 グラフの編集

作成したグラフは，後で必要に応じて，大きさの変更，グラフの種類の変更，データの追加，新しいデータ系列の追加，グラフ内の文字の変更や追加，色換えなどを行うことができる[43),56)]。ここでは，紙面の制約からデータの追加手順だけを示しておく。

「ワークシートに新しいデータを追加」→「「グラフエリア」をクリック」

→「表示されているグラフのデータ範囲を示す枠線の右下角に，マウスポインタを合わせる」→「新しく表示したいデータが枠線内に入るように，枠線をドラッグ」→「グラフのサイズを調整」

2.9 マクロの自動記録

マクロ（macro）とは，Excel の作業を自動で実行するための「プログラム」であり，複雑な操作を繰り返し実行する場合や，同じ作業を毎日行うときには非常に便利である。このマクロというプログラムは，**VBA**（Visual Basic for Applications）と呼ばれる言語で書かれ，作成したブックにさまざまな機能や特徴を付与することができる。また Office 2000 では，Excel だけでなく，すべての Office 製品に VBA が搭載されている[55],[56]。

マクロの自動記録を実行する前に，Excel の「自動保存」機能がインストールされていれば，オフにしておく必要がある。「自動保存」機能をオフにする手順は，以下のとおりである。

　　「メニューバーの［ツール（T）］」→［アドイン（I）］→「「アドイン」ダイアログボックスの「自動保存」のチェックを外す」

2.9.1 マクロの自動記録

「マクロの記録」を実行すると，それ以後に Excel に対して行われる操作はすべて，マクロの中に記録される。「マクロの記録」の実行を終了した後で，記録したマクロを実行すると，「マクロの記録」の実行中に行ったのと同じ操作を繰り返すことができる。

（1）**「Visual Basic」ツールバーの表示**　　「マクロの記録」の開始・終了は，「Visual Basic」ツールバーを表示して行うのが便利である。表示の手順は以下のとおりである。

　　「メニューバーの［表示（V）］」→［ツールバー（T）］→［Visual Basic］

（2）**「マクロの記録」を開始**　　「Visual Basic」ツールバーを表示した後

2.9 マクロの自動記録

で，「マクロの記録」を開始するには，「Visual Basic」ツールバーの左から2番目の［マクロの記録］ボタンをクリックすればよい。

(3) 「マクロの記録」の終了　マクロの記録が始まると，「記録終了」ツールバーが表示される。記録の終了は

「記録終了」ツールバーの［記録終了］ボタンをクリック

によって実行される。

(4) 実 行 例　「マクロの記録」を開始した後で，つぎの操作を行ってみよう。

1) セルB3に20を，セルB4に30を，セルB5に40を入れる。
2) 「オートSUM」を使って，セルB3からB5の合計を求め，結果をセルB6に入れる。
3) セルB3とB5の積をセルC6に入れる。

入力し終わったら，「記録終了」ツールバーの［記録終了］ボタンをクリックして記録を終了する。これまでの操作は，すべてマクロに「自動記録」されたことになる。なお「自動記録」の実行中，Excelの画面と後述の**VBE**(visual basic editor) の画面を並列に表示して作業を行うと，「自動記録」のプロセスを「見る」ことができる。

2.9.2 マクロの実行

2.9.1項(4)で記録したマクロを実行してみよう。ただし，マクロを実行する前に，ワークシートに表示したデータと計算結果を消去する。そうでないと，マクロが実行されたのかどうかがわからない。マクロの実行は以下の手順で行う。

「「Visual Basic」ツールバーの［マクロの実行］」→「「マクロ」ダイアログボックスのマクロ名（例えば「Macro 1」）を選択」→［実行（R）］

マクロを実行すると，消去したデータと計算結果が再び表示されたはずである。実行中のマクロを強制終了させるには，［Ctrl］+［Break］キー，もしくは［Esc］キーを押す。

2.9.3 マクロコードの構成

記録したマクロのコードを表示する方法も複数通りある。例えば

「「Visual Basic」ツールバーの［Visual Basic Editor］」→「「プロジェクトエクスプローラ」の標準モジュールをダブルクリック」→「表示したいマクロ（例えば「Module 1」）をダブルクリック」

によってコードが表示される。

図 2.2 は，2.9.1 項 (4) の「自動記録」で記録されたコードであり，これらのコードは自由に編集することができる。つぎの変更を行ってみよう。

1) 1 行目：「Macro 1」を「マクロの練習」に変更する。
2) Range("B 3").Select の「B 3」の部分を「C 3」に変更する。変更後は Range("C 3").Select となる。
3) 同様に B 4～B 6 について C 4～C 6 に変更する。
4) 当初の C 6，C 7 については D 6，D 7 に変更する。

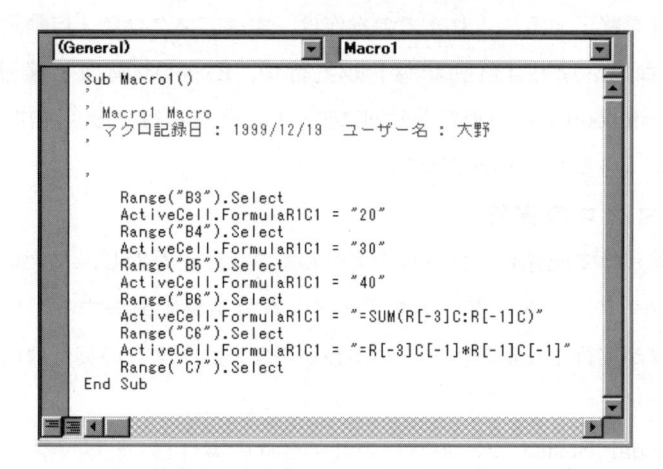

```
Sub Macro1()
'
' Macro1 Macro
' マクロ記録日 : 1999/12/13  ユーザー名 : 大野
'

    Range("B3").Select
    ActiveCell.FormulaR1C1 = "20"
    Range("B4").Select
    ActiveCell.FormulaR1C1 = "30"
    Range("B5").Select
    ActiveCell.FormulaR1C1 = "40"
    Range("B6").Select
    ActiveCell.FormulaR1C1 = "=SUM(R[-3]C:R[-1]C)"
    Range("C6").Select
    ActiveCell.FormulaR1C1 = "=R[-3]C[-1]*R[-1]C[-1]"
    Range("C7").Select
End Sub
```

図 2.2　自動記録したマクロのコード

変更が終われば，ツールバーの［表示 Microsoft Excel］ボタンをクリックして画面表示を Excel に切り換え，ワークシートのデータと結果を消去した後，再度マクロを実行する。そのとき，「マクロ」ダイアログボックスのマクロ名が，「Macro 1」から「マクロの練習」に変わっていることに注意しよう。

2.9 マクロの自動記録　　45

マクロに名前を付けるときには，つぎの規則に注意しなければならない。
① 名前の先頭は文字でなければならない。
② 名前の中にスペースや疑問符などの記号は使えない。
③ 名前の最大文字数は，半角文字で255字までである。
④ 大文字と小文字は区別されない。
⑤ 原則として，VBAに組み込まれている単語は使わない。

2.9.4　メニューバーやツールバーへのマクロの登録

（1）**「ボタン」へのマクロの登録**　編集の終わったマクロは，つぎの手順によってメニューバーやツールバーの「ボタン」に登録できる。

「メニューバーやツールバーの適当な場所を右クリック」→「ショートカットメニューの［フォーム］をクリック」→「フォームツールバーの「ボタン」をクリック」→「ワークシート上でドラッグしてボタンを作成」→「マクロ名を選択」→［OK］→「ボタン以外の場所をクリック」

フォームツールバーは，「コントロールツールボックス」ツールバーと外観はほとんど同じであるが，機能はまったく異なっているので注意が必要である。

（2）**ボタンのタイトルの変更**　ボタンのタイトルの変更は，以下の手順で行う。

「ボタンを右クリック」→「「テキストの編集」を選択」→「ボタンのタイトルを修正」→「ボタン以外の場所をクリック」

（3）**メニューバーへのマクロの登録**　マクロを，既存のメニューバーやツールバーに登録するだけでなく，ユーザーが新規にメニューバーやツールバーを設定して，その上に登録することもできる。ここでは，既存のメニューバーにボタンを設定して，マクロを登録する手順を示す。この手順は

「メニューバーの任意の場所を右クリック」→［ユーザー設定（C）］→「［コマンド］タグの［マクロ］」→「［ユーザー設定ボタン］を選択し，メニューの任意の位置にドラッグ」→「［選択したボタンの編集（M）］ボタンをクリック」→［マクロの登録（M）］→「登録するマクロを選択して［OK］」

となる。なお，メニュー画面に設定したボタンの「イメージ編集」や「ボタンの削除」なども，上記手順の中の「[選択したボタンの編集(M)]ボタンをクリック」して行うことができる。

2.9.5 「マクロの記録」の限界

Excelの持つ「マクロの記録」機能は，強力ではあるが，残念ながら万能ではない。「マクロの記録」のおもな短所には，つぎのようなものがある。

① 変数を使った汎用性のあるマクロが作れない。
② 条件判断や繰返しのあるマクロが作れない。
③ むだな操作が記録される。
④ デフォルト値が記録される。

③と④は，マクロの実行速度の問題であり，「マクロの記録」で作成したマクロを編集すれば解決することから，①と②が本質的な短所といえる。

これらの欠点にもかかわらず，「マクロの記録」は活用したい便利な機能である。VBAプログラムを自作する場合でも，まず「マクロの記録」を使って処理手順のコード化を行い，これをベースに汎用性のあるプログラムを作成すれば，プログラム開発を効率化することができる。

2.10　VBA

汎用性のあるマクロ（以下，これを「プロシージャ」と呼ぶ）を自作するための基礎を説明する[55]。

2.10.1　VBAの基本用語

VBAの基本用語のいくつかを以下にあげておく。

① プロシージャ：マクロと同じ意味と考えてよい。Subプロシージャ名（　）～ End Sub で括られたコードの集まりである。
② オブジェクト：ブック，ワークシート，セルなどのExcelの構成要素をオブジェクトと呼ぶ。コマンドボタンやラベル，それらを配置するフォームもオブジェクトであり，VBAは，それらオブジェクトを操作するオ

ブジェクト指向のプログラミング言語である。

③ プロパティ：各オブジェクトには属性がある。オブジェクトの名前，サイズ，フォント，色，リンクなどが属性であり，これら属性をプロパティと呼ぶ。プロパティの大半は，VBA コードの中でその値を設定・変更したり，現在の値を取得したりできる。プロパティの書式と例をつぎに示す。

　［プロパティの書式］　Object.Property

　［例］「Sheet 1」の名前を「ExcelOR」に変更： Sheet1.Name ＝"ExcelOR"

④ メソッド：オブジェクトを移動したり削除したりするような，オブジェクトにたいする操作を「メソッド」と呼ぶ。

　［メソッドの書式］　Object.Method

　［例］　ワークシートを追加する：Sheets.Add

⑤ イベント：クリックやドラッグ，あるいはキーを押すといった操作が行われることを「イベント」と呼ぶ。イベントが発生したときに実行するプロシージャを，該当するオブジェクトに登録しておく。このプロシージャを「イベントプロシージャ」と呼ぶ。

⑥ コンテナ：Excel を構成しているオブジェクトは，すべてが横一線の対等な関係にあるわけではなく，階層構造を持っている。例えば，セル A1 といったとき，どのワークシート上のセルかを指定しないとわからない。

　ワークシートも，どのブックかを指定する必要がある。ここで，セル A1 の載っているワークシートをセル A1 のコンテナ，ブックをワークシートのコンテナという。

⑦ コレクション：Excel では，同一種類の複数のオブジェクトを同時に操作したいことがある。例えば，「すべてのワークシートを一緒に閉じる」などである。これは，「開いているワークシート」を集合体として操作していることにほかならない。また，この集合体の 1 つ 1 つの要素を区別しながら，類似の操作をしたいこともある。このような集合体を「コレクシ

ョン」と呼ぶ。

　　　［例］　Worksheets.Count　　：ワークシートの数を返す
　　　　　　　Worksheets(4).Select：4番目のワークシートをオープンする

2.10.2　VBE の起動と終了

Excel の持つ機能が，通常複数の方法で利用できるのと同様，VBE の起動方法も複数通り用意されている。

　　1）方法1：「Visual Basic」ツールバーの［Visual Basic Editor］ボタン
　　　　　　　をクリック
　　2）方法2：「メニューバーの［ツール (T)］」→［マクロ (M)］→
　　　　　　　［Visual Basic Editor (V)］

Excel の画面に戻るには

　　1）方法1：ツールバーの［表示 Microsoft Excel］ボタンをクリック
　　2）方法2：タスクバーの［Microsoft Excel］ボタンをクリック

のいずれでもよい。VBE は，Excel を終了すると同時に終了する。VBE だけを終了させたいのであれば，VBE 画面からつぎの操作を行う。

　　　「メニューバーの［ファイル (F)］」→［終了して Microsoft Excel へ戻る (C)］

2.10.3　VBE の画面構成

VBE の画面構成を図 2.3 に示す。番号を付したウィンドウには，つぎの名前が付けられている。

　①　プロジェクトエクスプローラ
　②　プロパティウィンドウ
　③　コードウィンドウ

また，ウィンドウの境界にマウスポインタを合わせて，ウィンドウのサイズを変更することができる。コードウィンドウの左端余白を「余白インジケータバー」と呼ぶ。

2.10.4　プロジェクトの構成

図 2.3 の「プロジェクトエクスプローラ」には，現在使用中のブックのワー

2.10 VBA   49

図2.3 VBE の画面構成

クシートやモジュールがツリー状に表示されている。それら構成要素について簡単に説明する。

① モジュール：VBA を使ってプロシージャを記述するためのシートで，1つのモジュール内に複数のプロシージャを記述できる。

② 標準モジュール：最も馴染みの深いモジュールで，「マクロの記録」の結果もここに書かれる。Public 変数の宣言文や，共用されるプロシージャなどを記述する。

③ クラスモジュール：「独自のオブジェクト」を作成するためのプロシージャを記述するモジュールである。

④ ユーザーフォーム：チェックボックスやテキストボックスなど，さまざまなコントロールを配置して，独自のフォームを作成する。

⑤ イベントプロシージャを記述するモジュール：ブック，ワークシート，グラフシート，ユーザーフォームは，独自のモジュールを持つ。それらは，ブックモジュール，ワークシートモジュール，グラフシートモジュール，ユーザーフォームモジュールと呼ばれ，これらの上でのイベント処

理，例えば，「配置されたボタンが押されたときの処理」などを記述する。

⑥ プロジェクト：すべてのモジュールの集合体であり，プロジェクトエクスプローラが階層構造で表現されている理由も理解できるであろう。なお，プロジェクトは実在のファイルではなく，モジュールをまとめて管理するための概念に過ぎない。実際のモジュールは，Excel ブックの中にワークシートと一緒に保存される。

2.10.5 プロシージャの構成要素

モジュールは，**宣言**（declaration）**セクション**と，1つないし複数のプロシージャから構成される。宣言セクションは，モジュールの先頭に配置され，プロジェクト全体ないしはモジュール全体に関わる変数や定数を宣言する。

プロシージャは，**図 2.4** に示すように，以下の要素から構成される。

① プロシージャの開始とプロシージャ名：プロシージャ名は，プロシージャを識別するための名称である。

② プロシージャの終了

③ ステートメント：完結した処理を行う最小単位の文である。

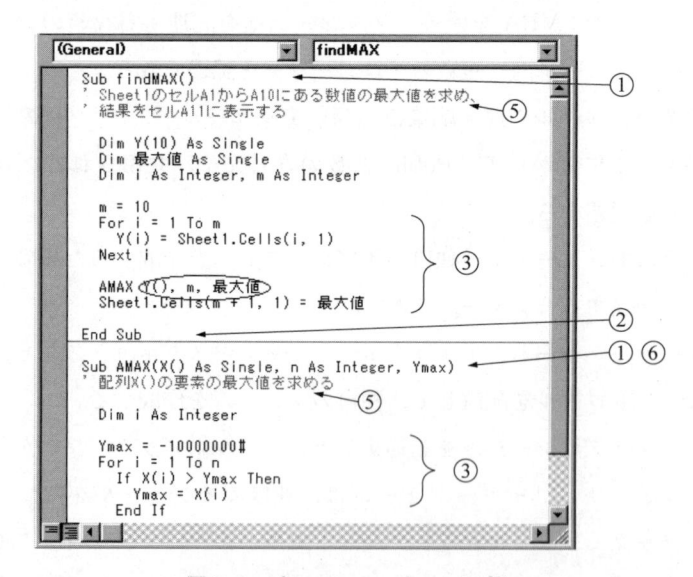

```
Sub findMAX()
' Sheet1のセルA1からA10にある数値の最大値を求め，
' 結果をセルA11に表示する

    Dim Y(10) As Single
    Dim 最大値 As Single
    Dim i As Integer, m As Integer

    m = 10
    For i = 1 To m
       Y(i) = Sheet1.Cells(i, 1)
    Next i

    AMAX Y(), m, 最大値
    Sheet1.Cells(m + 1, 1) = 最大値

End Sub

Sub AMAX(X() As Single, n As Integer, Ymax)
' 配列X()の要素の最大値を求める

    Dim i As Integer

    Ymax = -10000000#
    For i = 1 To n
       If X(i) > Ymax Then
          Ymax = X(i)
       End If
```

図 2.4 プロシージャの例

④ コード：ステートメント③を構成するすべての単語や記号の総称をいう。
⑤ コメント：「'」〔アポストロフィ（apostrophe）〕に続く文である。処理内容の説明などを記述するためのもので、プロシージャの実行に影響を与えない。
⑥ 引数：プロシージャに渡される定数や変数の値、ならびにメソッドやプロパティの処理内容を指定するためのパラメータである。

2.10.6　ステートメントの構成要素と書式

ステートメントのおもな構成要素ならびに書式は以下のとおりである。

① キーワード：VBAの一部として認識される文字列や記号で、関数、演算子、For, Next, Error, Empty, False, Inputなどを含む。演算子には、比較演算子（＝, ＜, ＞, ＜＞ほか）、算術演算子（＋, －, ＊, /, ^ ほか）、論理演算子（And, Or, Notほか）、文字列連結演算子（&, ＋）の4種類がある。

② 変数を使ったステートメント：今日の日付を「日付」という変数に入力し、この変数を使って、日付をセルB2に表示し、セルB3に2日後の日付を表示する「StoreDate」と名付けるプロシージャは、つぎのように書くことができる。

 Sub StoreDate( )
  Dim　日付　As Date
  日付＝Date
  Range("B 2")＝日付
  Range("B 3")＝日付＋2
 End Sub

ここに、ステートメント「日付＝Date」の「Date」は、VBAに組み込まれた「関数」である。VBAは、三角関数などの算術関数を含め、多くの関数を持っている。

2.10.7 ヘルプ

プロシージャを編集しているとき，コードの意味やオブジェクトの書式などを確かめるために，「ヘルプ」や「オブジェクトブラウザ」を使う。

(1) ヘルプの利用方法　　コードの意味を正確に調べるためにはヘルプを使用する。VBE の画面が表示されている場合，つぎの手順で行う。

「メニューバーの［ヘルプ（H）］」→［Microsoft Visual Basic ヘルプ（H）］→「知りたいキーワードを記入」→「［ENTER］キーを押す」

(2) オブジェクトブラウザ　　オブジェクトの書式やプロパティについての情報取得は，オブジェクトブラウザを使うと便利である。オブジェクトブラウザのオープンはつぎの手順による。

「メニューバーの［表示（V）］」→［オブジェクトブラウザ（O）］

2.10.8 変　　数

プログラミングにおける変数とは，取得した値や計算結果などを格納するためのメモリ領域に付けた名前である。変数を使用すると，柔軟なプロシージャを書くことができる。例えば

$X = Labels(1).Left$

$Y = X + Labels(1).Width$

と書くと，最初のステートメントでラベル Labels(1) の左端の座標を変数 X に取得し，それを使ってつぎのステートメントでこのラベルの幅（Labels(1).Width）を用いて右端の座標を計算し，結果を変数 Y に保存する。

変数名の付け方には

① 名前の先頭は，英字，漢字，ひらがな，カタカナのいずれかであること
② 名前の長さは半角文字数で 255 字以内であること
③ ｛¥ ＠ ＄ ＆ ！ ． ＃ －｝などの文字は使えない
④ VBA が使用している名前は使ってはならない

といった制約がある。

変数には「データ型」がある。変数のデータ型を宣言してその変数を使うと，プログラミングミスを回避しやすくなる。データ型の宣言文は，つぎのよ

うに書く．

［変数のデータ型の宣言書式］　Dim　変数名　As　データ型

［例］　Dim　X　As　Single

データ型には，**表 2.1** に示す種類がある．ただし，表の最後の列は，1つの変数値を格納するのに使用するメモリ領域の大きさである†．変数のデータ型を宣言せずに使用すると，その変数は「バリアント型」となり，使用するメモリ領域が大きくなり，計算効率も悪くなるので注意を要する．

表 2.1　データ型

データ型	日本語名称	使用メモリ
Byte	バイト型	1 バイト
Boolean	ブール型	2 バイト
Integer	整数型	2 バイト
Long	長整数型	4 バイト
Single	単精度浮動小数点型	4 バイト
Double	倍精度浮動小数点型	8 バイト
Currency	貨幣型	8 バイト
Date	日付型	8 バイト
String	文字列型	10 バイト＋文字列長（可変長） 文字列長（固定長）
Object	オブジェクト型	4 バイト
Variant	バリアント型	16 バイト（数値） 22 バイト＋文字列長（文字列）

2.10.9　変数の宣言場所と有効範囲

例えば，2バイトの整数値をとる変数Xを宣言するには

　　Dim X As Integer

と書く．この宣言文を配置する場所がどこであるかによって，変数Xを参照したり変更したりできる範囲が，以下のように違ってくる．

（1）**宣言文をプロシージャの中に配置**　　この場合は，変数Xの値を参照したり，この変数に値を代入したりできる範囲は，宣言文が配置されたプロ

---

† 0あるいは1の値をとる2進数1桁の情報と，それを保持するメモリの最小単位をともに1ビット（bit）と呼び，2進数8桁を1バイト（byte）と呼んでいる．

シージャの中だけである。したがって，もし他のプロシージャで同じ名前の変数 X が宣言されていても，両者はまったく別のものとして扱われる。

なお「Dim」で宣言された変数の値は，そのプロシージャが実行されている間だけ保持される。すなわち，プロシージャの実行が終了すると変数値は破棄され，プロシージャが再度実行されるとき初期化される（例えば数値型の場合，0 に初期化される）。

もし，プロシージャが再度実行されるときに，前回実行時の変数値を利用したいのであれば，「Dim」に代えて「Static」を用いる。

（2）**モジュールの「宣言セクション」に配置**　モジュールの先頭位置で「Dim」によって宣言された変数は，モジュール内のすべてのプロシージャから参照・値設定ができる。「標準モジュール」の先頭で，「Dim」の代わりに「Public」を使って宣言すると，この変数はすべてのモジュールのプロシージャから参照，値設定ができる。

2.10.10　エラーとデバッグ

エラーには，コーディング中に発生する「コンパイルエラー（構文エラー）」，プロシージャを実行したときに発生する「実行時エラー」，およびプログラマーの意図に反した実行結果に導く「論理エラー」の 3 つがある。

コンパイルエラーと実行時エラーは，簡単にエラーの場所と原因を特定できるが，論理エラーは「デバッグ」によって取り除く必要がある。

（1）**コンパイルエラー**　文法的に間違った構文を記述すると，自動的にコンパイルエラーを知らせるエラーメッセージが表示され，エラーのあるステートメントが赤く表示される。

この構文エラーを自動的に検出する機能を「自動構文チェック」と呼び，利用を中止したい場合は，VBE の画面の中で

　　「メニューバーの［ツール（T）］」→［オプション（O）］→「［編集］タブ」→「［自動構文チェック（K）］をオフ」

の設定をしておく。

（2）**実行時エラー**　実行時エラーが発生すると，エラーを知らせるダイ

アログボックスが表示され，プロシージャの実行は「中断」された状態になる[†]。
　ここで，実行を終了するには，［終了（E）］ボタンをクリックする。［終了（E）］ボタンではなく，［デバッグ（D）］ボタンをクリックすると，エラーの原因となったステートメントが黄色く反転し，「余白インジケータバー」には矢印が表示される。
　このような状態で変数にマウスポインタを合わせると，その変数の現在値が表示されエラー発見の手助けとなる。デバッグ状態を解除してプロシージャの実行を終了させるには，ツールバーの［リセット］ボタンをクリックする。

（3）　**論理エラーのデバッグ**　　論理エラーをデバッグする作業は，困難で忍耐を要する。そのため，VBEにはプログラマーのデバッグ作業を支援する多様なツールが，ツールバーの［デバッグ（D）］に集められている。
　しかし，これらのほとんどは，エキスパートが利用するためのものであり，ここでは，「ステップ実行」の手順だけを簡単に紹介するに止める。ステップ実行はつぎの手順による。

　　　「メニューバーもしくはツールバーの任意の位置を右クリック」→［デバッグ］→「余白インジケータバーをクリックしてブレークポイントを設定」→「プロシージャの実行」→「実行が中断したところで，デバッグツールバーの［ステップイン］ボタンをクリック」

　この操作によって，1ステートメントずつフォーカスが移動する。最後に，デバッグツールバーの［継続］ボタンをクリックすると，残りのステートメントは連続して実行される。デバッグツールバーの［リセット］ボタンをクリックすると，実行が終了する。

---

† 「中断」の状態は，デフォルトでは標準モジュール内のプロシージャ実行時に限られる。クラスモジュール内で中断する場合は，［ツール（T）］→「［オプション］の［全般］タブ内の［エラートラップ］」→［クラスモジュールで中断］を選択する。

2.11 ソ ル バ ー

Excel に組み込まれているソルバーは，1.3 節で述べたように，システム最適化のための線形計画問題，整数計画問題，混合整数計画問題，非線形計画問題を手軽に解くためのツールである[14),56),75),76)]。

「メニューバーの［ツール (T)］」→［アドイン (I)］→「［ソルバーアドイン］チェックボックスをオン」
によってソルバーが使用可能になる[†]。ソルバーの使用方法の詳細については，3.9 節で説明する。

[†] ソルバーは，Excel の標準インストールではインストールされず，最初に［ソルバーアドイン］チェックボックスをオンにし，OK ボタンを押した時点でインストールするかどうかを尋ねてくる。そこで，「はい」を選択すると Excel の CD-ROM の挿入を促され，インストールされる。

3. 線形計画法

3.1 はじめに

線形計画法 (linear programming, 略して LP) は 1947 年の G. B. Dantzig による**単体法** (simplex method, シンプレックス法ともいう) の研究に端を発する[10),11),53)]。

単体法は, [問題 1.1], [問題 1.2] で与えられる線形計画問題 (以下 LP 問題と略す) の線形性と非負制約を活用したその導出の自然さから, ながらく LP 問題の最終的なアルゴリズムと考えられ, [問題 1.3] ～ [問題 1.7] などの広範囲の問題へ応用されてきた。実際, 1975 年のノーベル経済学賞は, LP を用いた「最適資源割当ての理論への貢献」に対して L. V. Kantrovich と T. C. Koopmans に与えられている。

しかし, 1972 年に V.L. Klee と G. J. Minty[42)]が, 単体法では問題の規模が増えるにつれて計算時間が指数的に増加する LP 問題 (例題 3.7) を示し, 単体法が多項式オーダーのアルゴリズムでないことが示された。ここで多項式オーダーのアルゴリズムとは, どんなデータが与えられても, 問題の規模の多項式で表される計算時間で, その問題を解くことができるアルゴリズムである。そして, 1979 年の L. G. Khachian[36)]による楕円体法で, はじめて LP の多項式オーダーのアルゴリズムが開発され, 1984 年に N. K. Karmarkar[34)]による Karmarkar 法として実用化された。このアルゴリズムに関する 3 件の特許が, 1988 年にアメリカで成立し, 紆余曲折を経て, 日本でも 1996 年に成立した際には話題を集めたものである[48)]。

LP の多項式オーダーのアルゴリズムは, 現在も活発に研究が進められてい

るが，これらは一般に，実行可能領域の内部の点から出発し，内部の点をたどって最適解を求めるため**内点法**（interior-point method）と呼ばれている。

この章では，3.2節，3.3節でLPの基礎となる基底解と掃出し法を説明し，3.4節，3.5節で単体法と2段階法を，線形代数の知識を必要としない形で説明する。さらに3.5節では，2段階法のVBAプログラムによる解法を説明する。3.6節～3.8節では，より実用的なLPとして改訂単体法，双対定理，感度分析を行列表現を用いて説明する。3.9節ではソルバーによる解法を述べる。

内点法については，本書の程度を超えるため，文献3），8），17），31），32），47），58），66），71），73）などを参考にされたい。

3.2 線形計画法と基底解

2種類の製品A，Bを生産している工場の生産計画問題として［例題1.1］を考え，［例題3.1］とおく。

例題 3.1 生産計画問題

$$
\begin{align}
\text{最大化} \quad & z = 2x_1 + 3x_2 \tag{3.1} \\
\text{制約条件} \quad & x_1 + x_2 \leq 4 \tag{3.2} \\
& x_1 + 2x_2 \leq 6 \tag{3.3} \\
& x_1, \ x_2 \geq 0 \tag{3.4}
\end{align}
$$

1.2節で述べたように，［例題3.1］の実行可能領域は，**図3.1**の四辺形ABCDであり，利益$z=8$を与える直線とzの増加方向を示す矢印から，zは点Cで最大値10をとり，点C(2, 2)が最適解である。

しかし，LP問題がつねに唯一の最適解を持つわけではない。例えば，例題の目的関数が$z = 3x_1 + 3x_2$で与えられるとき，最大値は12となり，線分CD上の任意の点が最適解となる。

さらに図3.2（a）に示されるように，zが無限大に発散する実行可能解を持つ場合には，LP問題は最適解を持たず，**非有界**（unbounded）であるといわ

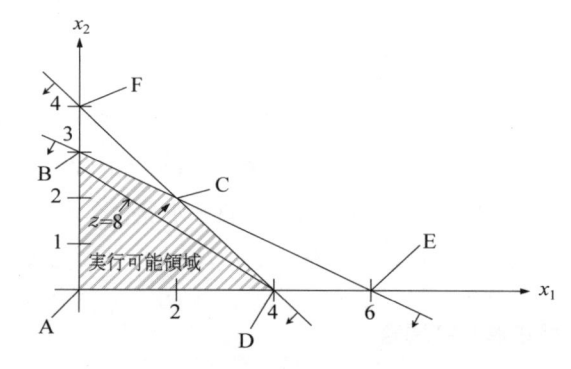

図 3.1 生産計画問題（例題 3.1）

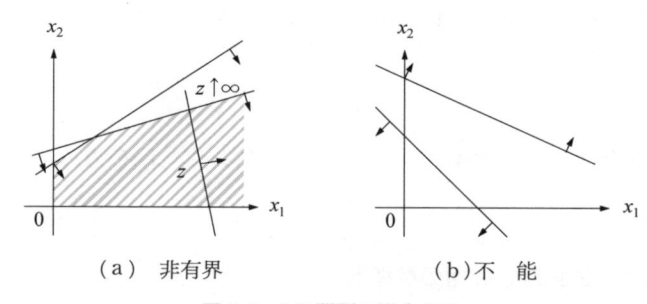

(a) 非有界　　　　**(b) 不能**

図 3.2 LP 問題の場合分け

れる．また図(b)に示されるように，制約条件がたがいに相いれず，実行可能解が存在しない場合には，LP 問題は**不能**（infeasible）であるといわれる．

［例題 3.1］を一般化した，m 種類の資源を用いて n 種類の製品を生産する生産計画問題［問題 1.1］を考え，［問題 3.1］とおく．

[問題] **3.1 資源制約形 LP 問題**

最大化　　　$z = c_1 x_1 + c_2 x_2 + \cdots + c_n x_n$ 　　　　　(3.5)

制約条件　　$a_{i1} x_1 + a_{i2} x_2 + \cdots + a_{in} x_n \leq b_i (\geq 0),\ i = 1, \cdots, m$
(3.6)

$$x_1,\ x_2,\ \cdots,\ x_n \geq 0 \qquad (3.7)$$

ここで，不等式制約条件(3.6)のままでは実行可能解を計算するのは困難であり，これを等式制約に変換することを考える．すなわち，$i,\ i = 1, \cdots, m$

番目の資源の使い残し量を $x_{n+i} \geq 0$ とおけば，第 i 制約は等式制約

$$a_{i1}x_1 + a_{i2}x_2 + \cdots + a_{in}x_n + x_{n+i} = b_i, \quad i = 1, \cdots, m \quad (3.8)$$

に書き直すことができる．この不等式制約を等式制約に変換するために導入した変数 x_{n+i}, $i = 1, \cdots, m$ を**スラック変数**（slack variable）と呼び，等式制約条件だけを持つ LP 問題を**標準形 LP 問題**と呼ぶ．

変数の数 $(n+m)$ を改めて n とおけば $n > m$ であり，つぎのようになる．

[問 題] **3.2 標準形 LP 問題**

最大化 　　　$z = c_1x_1 + c_2x_2 + \cdots + c_nx_n$ 　　　(3.9)

制約条件 　　$a_{i1}x_1 + a_{i2}x_2 + \cdots + a_{in}x_n = b_i (\geq 0), \quad i = 1, \cdots, m$

(3.10)

　　　　　　$x_1, \ x_2, \ \cdots, \ x_n \geq 0$ 　　　(3.11)

例えば［例題 3.1］の標準形は，スラック変数 x_3, x_4 を導入するとつぎのようになる．

[例 題] **3.2 生産計画問題の標準形**

最大化 　　　$z = 2x_1 + 3x_2$ 　　　(3.1)

制約条件 　　$x_1 + x_2 + x_3 = 4$ 　　　(3.12)

　　　　　　$x_1 + 2x_2 + x_4 = 6$ 　　　(3.13)

　　　　　　$x_1, \ \cdots, \ x_4 \geq 0$ 　　　(3.14)

一般の LP 問題（問題 1.2）における逆向きの不等式，すなわち

$$a_{i1}x_1 + a_{i2}x_2 + \cdots + a_{in}x_n \geq b_i$$

は，式(3.6)同様，スラック変数 $x_{n+i} \geq 0$ を導入すれば

$$a_{i1}x_1 + a_{i2}x_2 + \cdots + a_{in}x_n - x_{n+i} = b_i$$

と等式制約に変換できる．

また，**自由変数**（free variable）と呼ばれる符号制約のない変数 $-\infty < x_j < +\infty$ は，新たに非負変数 x_j^+, $x_j^- \geq 0$ を導入して，$x_j = x_j^+ - x_j^-$ とおき換えることで，すべての変数が非負の標準形 LP 問題に帰着できる．

さらに最小化問題：

最小化 　　$z' = c_1 x_1 + c_2 x_2 + \cdots + c_n x_n$

はその符号を変えて，最大化問題：

最大化 　　$z = -z' = (-c_1)x_1 + (-c_2)x_2 + \cdots + (-c_n)x_n$

と書き直すことができる．したがって，すべての LP 問題は，標準形 LP 問題（問題 3.2）に帰着することができる．単体法は，この標準形 LP 問題を解く解法である．

制約条件(3.10)は，n 変数に関する m 式の連立一次方程式（$n > m$）であり，通常，式と同じ数の m 変数の値を定めることができる．この条件などに興味ある読者は，3.6 節を参照されたい．したがって，制約条件(3.10)において残りの $(n-m)$ 変数〔**非基底変数** (nonbasic variable) と呼ぶ〕を 0 とおけば，m 変数〔**基底変数** (basic variable) と呼ぶ〕について解くことができ，得られる解を**基底解** (basic solution) と呼んでいる．

基底解が非負条件(3.11)を満たせば実行可能であり，**基底実行可能解** (basic feasible solution) あるいは簡単に**可能基底解**と呼ぶことにする．例えば［例題 3.2］の場合，4 個の変数から 2 個の基底変数を選ぶ組合せは

$$\binom{4}{2} = \frac{4 \times 3}{2} = 6$$

通りあり[†]，6 個の基底解が存在する．

そして，図 3.1 の点 A〜F と対応させれば，まず

基底変数 x_3, x_4 にたいする基底解 $(x_1, x_2, x_3, x_4) = (0, 0, 4, 6)$，点 A

である．これは連立 1 次方程式(3.12)，(3.13)において，非基底変数 $x_1 = x_2 = 0$ とおいて得られる解であり，原点 A が対応する．同様にして

基底変数 x_2, x_3 にたいする基底解 $(x_1, x_2, x_3, x_4) = (0, 3, 1, 0)$，点 B
基底変数 x_1, x_2 にたいする基底解 $(x_1, x_2, x_3, x_4) = (2, 2, 0, 0)$，点 C
基底変数 x_1, x_4 にたいする基底解 $(x_1, x_2, x_3, x_4) = (4, 0, 0, 2)$，点 D

---

† n 個から m 個を選ぶ組合せの個数は，以下の式で与えられる．
$$\binom{n}{m} = \frac{n!}{m!(n-m)!} = \frac{n \times \cdots \times (n-m+1)}{m!}$$

基底変数 x_1, x_3 にたいする基底解 $(x_1, x_2, x_3, x_4) = (6, 0, -2, 0)$, 点 E

基底変数 x_2, x_4 にたいする基底解 $(x_1, x_2, x_3, x_4) = (0, 4, 0, -2)$, 点 F
である。明らかに点 A〜D に対応する基底解は実行可能であり，可能基底解である。

すでに述べたように，［例題3.1］の実行可能領域は図3.1の四辺形 ABCD であり，最適解は C である。一般に，LP 問題の実行可能領域を S とおけば，S は平面（例題3.1の場合は直線）で囲われた**凸多面体**（convex polyhedron）であり，点 A〜D のような**端点**（extreme point）を持つ。ここで，領域 S が**凸**（convex）とは，S の任意の2点を結ぶ線分上の点が，すべて S に属することをいう。また，端点とは S の行きどまりの点であり，より精確に述べれば，S のどの2点をとっても，その2点を結ぶ線分の内点として表せない点である。

したがって，LP 問題が最適解を持つとき，実行可能領域を z の増加方向に進めば必ず行きどまりの点で z が最大となり，最適解は端点となる。また上にみたように，端点 A〜D と可能基底解とが対応している。これらをまとめたものがつぎの定理である。

[定理] 3.1

1) LP 問題が最適解を持てば，実行可能領域の端点である。
2) 実行可能領域が空でなければ凸多面体であり，少なくとも一つの可能基底解が存在し，可能基底解と端点が対応する。

定理の証明は，例えば文献3）p.81〜92 を参照されたい。

この定理から，LP 問題の最適解を得るには，可能基底解のなかで z が最大となる点を求めればよいが，変数が増えれば可能基底解をしらみつぶしに調べることは実際上不可能となる。この問題点を克服した解法が単体法であり，初期の可能基底解から出発して，z が増加する方向に可能基底解を改善して最適解を得る解法である。

3.3 掃 出 し 法

前節で述べたように，単体法は初期可能基底解から出発し，z の増加する方向に可能基底解を改善して最適解を得る解法である．この節では，単体法の準備として，与えられた基底変数に対する連立 1 次方程式(3.10)の基底解を計算する手法を説明する．いうまでもなく，計算された基底解が非負条件(3.11)を満たせば可能基底解である．

簡単のため基底変数を x_1, x_2, $\cdots$, x_m とおき，非基底変数を x_{m+1}, $\cdots$, x_n とおく．連立 1 次方程式を解く数値解法の基本は，**ガウスの消去法**（Gaussian elimination method）であり，さまざまな変形が知られているが，以下では単体法との関連から，**ガウス・ジョルダンの消去法**（Gauss-Jordan elimination method）を説明する．

その基本操作は，連立 1 次方程式(3.10)の第 k 式を用いて，k 式以外のすべての式から変数 x_l を消去する操作である．すなわち

$$\text{第 } k \text{ 式}: a_{kl}x_l + \sum_{j \neq l} a_{kj}x_j = b_k$$

を用いて，k 式以外のすべての i 式

$$\text{第 } i(\neq k) \text{ 式}: a_{il}x_l + \sum_{j \neq l} a_{ij}x_j = b_i$$

から x_l を消去する操作である．$a_{kl}(\neq 0)$ を**ピボット**（pivot）と呼び，この基本操作を「a_{kl} をピボットとする**掃出し**（sweep out）」と呼ぶ．この操作は，つぎの 2 ステップのアルゴリズムで実行される．ここで，ステップ 1 などのステップを省略し，以下，①と表すことにする．

[a_{kl} をピボットとする掃出し] (3.15)

① 第 k 式をピボット a_{kl} で割り，$(k)'$ 式を得る．

$$(k)' \text{ 式}: x_l + \sum_{j \neq l} \frac{a_{kj}}{a_{kl}}x_j = \frac{b_k}{a_{kl}}$$

② すべての $i(\neq k)$ にたいして，第 i 式 $-a_{il} \times (k)'$ 式を計算し，$(i)'$ 式

を得る。

$$(i)'\text{式}: \sum_{j \neq l}\left(a_{ij} - \frac{a_{il}}{a_{kl}}a_{kj}\right)x_j = b_i - \frac{a_{il}}{a_{kl}}b_k$$

実際，このアルゴリズムにより $(k)'$ 式，$(i)'$ 式が得られ，k 式以外のすべての式から x_l が消去される。

連立1次方程式(3.10)の基底変数 $x_1, x_2, \cdots, x_m$ にたいする基底解は，ピボットを順次 $a_{11}, a_{22}, \cdots, a_{mm}$ ととった掃出しを実行すれば

$$\left.\begin{aligned} x_1 \phantom{{}+x_2} &+ a'_{1m+1}x_{m+1} + \cdots + a'_{1n}x_n = b_1' \\ x_2 \phantom{{}+{}} &+ a'_{2m+1}x_{m+1} + \cdots + a'_{2n}x_n = b_2' \\ &\phantom{+{}} \vdots \\ x_m &+ a'_{mm+1}x_{m+1} + \cdots + a'_{mn}x_n = b_m' \end{aligned}\right\} \quad (3.16)$$

となり，非基底変数 $x_{m+1}, \cdots, x_n$ を 0 とおいて

$$x_j = b_j', \ j = 1, \cdots, m\ ;\ x_j = 0, \ j = m+1, \cdots, n \quad (3.17)$$

として求められる。さらに，$b_j' \geq 0, \ j = 1, \cdots, m$，を満たせば，この基底解は可能基底解である。

例題として，［例題 3.2］における制約条件(3.12)，(3.13)の基底変数 x_1，x_2 にたいする基底解と，そのときの目的関数 z の値を求めてみる。

例題 3.3

つぎの連立1次方程式の基底変数 z, x_1, x_2 にたいする基底解を求めよ。

$$\left.\begin{aligned} z - 2x_1 - 3x_2 \phantom{{}+x_3+x_4} &= 0 \\ x_1 + x_2 + x_3 \phantom{{}+x_4} &= 4 \\ x_1 + 2x_2 \phantom{{}+x_3} + x_4 &= 6 \end{aligned}\right\} \quad (3.18)$$

ここで，第1式は目的関数(3.1)の右辺を移項した式である。上式で $x_1 = x_2 = 0$ とおけば，$z = 0, x_3 = 4, x_4 = 6$ が得られ，これは前節で述べた基底変数 x_3, x_4 にたいする可能基底解であり，点 A に対応する。

連立1次方程式(3.18)をつぎの**表 3.1** として，目的関数を第1行で，第2式，第3式をそれぞれ第2行，第3行で表すことにする。

3.4 単体法

表 3.1 [例題 3.3]

z	x_1	x_2	x_3	x_4	定数項
1	-2	-3	0	0	0
0	1	1	1	0	4
0	1	2	0	1	6

表 3.2 [例題 3.3]の掃出し計算

z	x_1	x_2	x_3	x_4	定数項
1	0	-1	2	0	8
0	1	1	1	0	4
0	0	1	-1	1	2
1	0	0	1	1	10
0	1	0	2	-1	2
0	0	1	-1	1	2

z はすでに第1行以外の式から消去されているから，a_{11}，a_{22} をピボットとする掃出しを(3.15)に従って順に行えば，**表 3.2** を得る。

表 3.2 の最後の表は，つぎの連立1次方程式に対応する。

$$\left. \begin{aligned} z \quad\quad\quad\quad + x_3 + x_4 &= 10 \\ x_1 \quad\quad + 2x_3 - x_4 &= 2 \\ x_2 - x_3 + x_4 &= 2 \end{aligned} \right\} \quad (3.19)$$

したがって求める基底解は，$x_3 = x_4 = 0$ とおいて，つぎのようになる。

$$z = 10, \quad x_1 = 2, \quad x_2 = 2, \quad x_3 = 0, \quad x_4 = 0$$

この基底解は，表 3.2 の定数項からただちに得られることに注意されたい。

3.4 単 体 法

まず[例題 3.2]を考える。これは，式(3.18)，表 3.1 に関連して述べたように，図 3.1，点 A に対応する可能基底解が求まった形をしている。すなわち，[例題 3.2]の現在の可能基底解はつぎのようになる。

$$z = 0, \quad x_3 = 4, \quad x_4 = 6, \quad x_1 = x_2 = 0$$

そこで，現在の非基底変数 x_1，x_2 を0から増やすことを考える。式(3.1)あるいは式(3.18)の第1式より，x_1 を1増やせば z は2増加し，x_2 を1増やせば z は3増加する。したがって，z の増加率が大きな x_2 をまず増やすのが自然である（x_2 を基底変数に取り入れることを意味している）。

ここで問題は，x_2 をどこまで増やせるか？であるが，現在の基底変数は非

負条件を満たさなければならず，その範囲で増やすことができる．すなわち，式(3.12)，(3.13)で $x_1 = 0$ とおいた式から，基底変数 x_3, x_4 にたいして

$x_3 = 4 - x_2 \geq 0$ より $x_2 \leq 4$

$x_4 = 6 - 2x_2 \geq 0$ より $x_2 \leq 3$

である．ゆえに，x_2 は 3 まで増やすことができ，このとき $x_4 = 0$ となる（x_4 を非基底変数にすることを意味している）．

したがって，制約条件第2式の基底変数 x_4 の代わりに x_2 を基底変数とすれば，z の値が増加することがわかる．この新しい可能基底解は，第2式の x_2 の係数 a_{22} をピボットとする掃出しを行えば求めることができる．

これを表 3.1，表 3.2 と同様な**表 3.3** を用いて計算する．この表を**単体表** (simplex tableau) と呼び，表 3.1，表 3.2 の変数 z の，つねに 1, 0, …, 0 である第1列がとり除かれ，代わりに各制約条件にたいする基底変数が示されている．ここで，第1行の基底変数はつねに z であり，○はピボット要素 a_{22} を示している．

表 3.3 ［例題 3.2］の単体表

基底変数	x_1	x_2	x_3	x_4	定数項
z	-2	-3	0	0	0
x_3	1	1	1	0	4
x_4	1	②	0	1	6
z	-0.5	0	0	1.5	9
x_3	⓪.5	0	1	-0.5	1
x_2	0.5	1	0	0.5	3
z	0	0	1	1	10
x_1	1	0	2	-1	2
x_2	0	1	-1	1	2

表 3.3 の最初の表は ［例題 3.3］，表 3.1 に対応し，a_{22} をピボットとする掃出しにより得られた 2 番目の表は，つぎの LP 問題に対応している．

例題 3.4

最大化 z： $z - 0.5x_1 \qquad + 1.5x_4 = 9$

制約条件 　　　　　$0.5x_1 \quad\quad + x_3 - 0.5x_4 = 1$ 　　　　(3.20)

　　　　　　　　　$0.5x_1 + x_2 \quad\quad + 0.5x_4 = 3$

　　　　　　　　　$x_1, \cdots, x_4 \geq 0$

この可能基底解は，図 3.1 の点 B に対応した

　　$z = 9, \ x_2 = 3, \ x_3 = 1, \ x_1 = x_4 = 0$

であり，非基底変数 x_1 を1増やせば z は 0.5 増え，非基底変数 x_4 を1増やせば z は 1.5 減ることがわかる．したがって，x_1 を増やすことにする（x_1 を基底変数に）．基底変数 x_2, x_3 は非負条件を満たさなければならず，式(3.20)から

　　$x_3 = 1 - 0.5x_1 \geq 0$ より $x_1 \leq 2$

　　$x_2 = 3 - 0.5x_1 \geq 0$ より $x_1 \leq 6$

となる．すなわち，x_1 は 2 まで増やすことができ，このとき $x_3 = 0$ となる（x_3 を非基底変数に）．

したがって，第1式の基底変数 x_3 の代わりに x_1 を基底変数に取り入れればよく，a_{11} をピボットとする掃出しを行えば，表 3.3 の第3番目の表を得る．この表は，つぎの LP 問題に対応している．

例題 3.5

最大化 　z : 　$z \quad\quad + x_3 + x_4 = 10$

制約条件 　　　　　$x_1 \quad\quad + 2x_3 - x_4 = 2$ 　　　　(3.21)

　　　　　　　　　$x_2 - x_3 + x_4 = 2$

　　　　　　　　　$x_1, \cdots, x_4 \geq 0$

現在の可能基底解は，図 3.1 の点 C に対応した

　　$z = 10, \ x_1 = 2, \ x_2 = 2, \ x_3 = x_4 = 0$

であり，非基底変数 x_3 を1増やせば z は1減り，非基底変数 x_4 を1増やしても z は1減る．したがって，これ以上 z の値を増やすことはできず，現在の可能基底解が最適である．すなわち，[例題 3.2] の最大値 z^*，最適解 x_1^*，x_2^*, x_3^*, x_4^* は

　　$z^* = 10, \ x_1^* = 2, \ x_2^* = 2, \ x_3^* = x_4^* = 0$

で与えられる。

以上に述べた［例題 3.2］を解く解法を標準形 LP 問題［問題 3.2］にたいして適用すれば単体法（シンプレックス法）が得られる。まず［例題 3.2］同様，初期可能基底解として，簡単のため基底変数が $x_1, x_2, \cdots, x_m$ にたいする基底解が得られているものと仮定する†。すなわち以下のようになる。

[問 題] **3.3 初期可能基底解**

最大化 z：　$z \quad + c_{m+1}' x_{m+1} + \cdots + c_n' x_n = z'$ （3.22）

制約条件　$x_i + a_{im+1}' x_{m+1} + \cdots + a_{in}' x_n = b_i' (\geq 0)$,

$$i = 1, \cdots, m \tag{3.23}$$

$$x_j \geq 0, \; j = 1, \cdots, n \tag{3.24}$$

現在の可能基底解は

$z = z', \; x_i = b_i', \; i = 1, \cdots, m,$

$x_j = 0, \; j = m+1, \cdots, n$ （3.25）

であり，［問題 3.3］に対応する単体表は**表 3.4** となる。

表 3.4 初期可能基底解の単体表

基底変数	x_1	x_2	x_r	x_m	x_{m+1}	x_s	x_n	定数項
z	0	0	0	0	c_{m+1}'	c_s'	c_n'	z'
x_1	1				a_{1m+1}'	a_{1s}'	a_{1n}'	b_1'
x_2		1	**O**		a_{2m+1}'	a_{2s}'	a_{2n}'	b_2'
⋮			⋱					
x_r			1		a_{rm+1}'	(a_{rs}')	a_{rn}'	b_r'
⋮		**O**		⋱				
x_m				1	a_{mm+1}'	a_{ms}'	a_{mn}'	b_m'

［例題 3.2］同様，資源制約形 LP 問題（問題 3.1）にたいしては，標準形 LP 問題に変換したとき自動的に［問題 3.3］の形になっている。実際，不等式制約(3.6)にスラック変数 $x_{n+i} \geq 0$ を導入し標準形に変換すれば，式(3.8)となって，可能基底解 $x_{n+i} = b_i$ が得られており，添字番号 $(n+i)$ を i と付け

---

† 初期可能基底解が簡単に得られない問題にたいしては，3.5 節の 2 段階法を用いればよい。

換えれば［問題3.3］である．以下，一般性を保持し，表記を簡単化するため

　　　基底変数の添字の集合を J_B，非基底変数の添字の集合を J_N

と表すことにする．例えば，［問題3.3］では，$J_B = \{1, 2, \cdots, m\}$，$J_N = \{m+1, \cdots, n\}$ である．

［問題3.3］において，つぎの二つの場合(A)，(B)のいずれかが起こる．

(A) z の非基底変数の係数がすべて非負，すなわち

$$\text{すべての } j \in J_N \text{ にたいして } c_j' \geq 0 \quad (\text{最適性条件}) \tag{3.26}$$

(B) ある $j \in J_N$ にたいして $c_j' < 0$

まず(A)の場合，式(3.22)よりすべての $x_j \geq 0$，$j \in J_N$ にたいして

$$z = z' - \sum_{j \in J_N} c_j' x_j \leq z'$$

であり，式(3.25)が最適解である．すなわち，［問題3.2］の最大値 z^*，最適解 x_j^*，$j = 1, \cdots, n$ は

$$z^* = z', \quad x_i^* = b_i', \quad i \in J_B, \quad x_j^* = 0, \quad j \in J_N \tag{3.27}$$

で与えられる．この意味で，条件(3.26)は**最適性条件**（optimality condition）と呼ばれている．

一方(B)の場合，$c_j' < 0$ となる x_j を1増やせば，z は $(-c_j')$ 増加する．［例題3.2］と同様，基底変数に取り入れる非基底変数として，z の増加率が最大（c_j' が最小）の x_j を選ぶことにする．すなわち

$$c_s' = \min\{c_j'\,;\, c_j' < 0,\, j \in J_N\} \tag{3.28}$$

となる x_s を選び，これを基底変数に取り入れる．残りの非基底変数は $x_j = 0$ のままであり，x_s を増加させたときの基底変数 x_i，$i \in J_B$ の変化は，式(3.23)より

$$x_i = b_i' - a_{is}' x_s \geq 0, \quad i = 1, \cdots, m \tag{3.29}$$

であり，非負条件(3.24)を満たさなければならない．このとき，つぎの二つ場合(B-1)，(B-2)のいずれかが起こる．

(B-1) すべての $i = 1, \cdots, m$ にたいして $a_{is}' \leq 0$ （非有界性条件）

$$\tag{3.30}$$

(B-2)　ある $i=1, \cdots, m$ にたいして $a_{is}' > 0$

まず(B-1)の場合，式(3.29)より x_s の増加とともに基底変数も増加し（$a_{is}' < 0$ のとき），x_s はどこまでも増やすことができる．すなわち，[問題 3.2] は非有界（unbounded）であり

$$z = z' - c_s' x_s \uparrow \infty, \ x_s \uparrow \infty, \ x_i = b_i' - a_{is}' x_s, \ i \in J_B,$$
$$x_j = 0, \ j \in J_N, \ j \neq s$$

である．条件(3.30)は**非有界性条件**（unboundedness condition）と呼ばれる．

一方の (B-2) の場合をみよう．

$a_{is}' > 0$ となる i にたいして，式(3.29)より $x_s \leq b_i'/a_{is}'$ となり，x_s はこれら上限の最小値

$$\theta_{rs} = \frac{b_r'}{a_{rs}'} = \min\left\{\frac{b_i'}{a_{is}'} \ ; \ a_{is}' > 0, \ i=1, \cdots, m\right\} \tag{3.31}$$

まで増やすことができ，このとき第 r 式の基底変数 x_r が 0 となる．すなわち，x_r が非基底変数となり，代わりに x_s が第 r 式の基底変数となる．この第 r 式の基底変数を x_r から x_s に変更したときの基底解は，表3.4 の a_{rs}' をピボットとする掃出しを，式(3.15)に従って行えば計算できる．x_r の代わりに x_s が入った新しい基底変数にたいする可能基底解は，式(3.31)の θ_{rs} を用いて表せばつぎのようになる．

$$z = z' - c_s' \theta_{rs}, \ x_s = \theta_{rs}, \ x_i = b_i' - a_{is}' \theta_{rs}, \ i(\neq r) \in J_B,$$
$$x_r = 0, \ x_j = 0, \ j(\neq s) \in J_N \tag{3.32}$$

以上のステップを，単体表である表 3.4 にたいしてまとめれば，単体法を得る．

[**単体法**]　　　　　　　　　　　　　　　　　　　　　　　　　　　(3.33)

① 初期可能基底解を求める．

② 最適性条件(3.26)がなりたてば，現在の可能基底解(3.25)が最適であり，標準形 LP 問題（問題 3.2）の最適解は，式(3.27)で与えられる[†]．

③ 式(3.28)から s を定める．x_s が基底変数となる．

---

† 「さもなければ，ステップ 3 へ」は，通常自明のこととして省略される．

④　非有界性条件(3.30)がなりたてば，[問題 3.2] は非有界である。
⑤　式(3.31)から r を定める。第 r 行の基底変数が非基底変数となる。
⑥　a_{rs}' をピボットとする掃出し（⑥-1 以降）を行い，ステップ 2 へ。

　⑥-1　　r 行を a_{rs}' で割る。
　⑥-2　　$i=1, \cdots, m (i \neq r)$ にたいして
　　　　　　$(i 行)\ -a_{is}' \times (r 行)$
　⑥-3　　$(z 行)\ -c_s' \times (r 行)$
　⑥-4　　r 行の基底変数を x_r から x_s に変更する。

単体法を用いて [例題 3.2] を解けば表 3.3 が得られることを確かめられたい。

　式(3.31)，(3.32)から $b_r' > 0$ ならば $\theta_{rs} > 0$ となり，$z = z' - c_s' \theta_{rs} > z'$ と z が改善される。端点の数は有限個であるから，反復ごとの可能基底解で $b_r' > 0$ がなりたてば，単体法は有限回の反復で最適解を求めることができる。しかし必ずしもこれはなりたたず，例えばつぎの例題[8]である。

例題 3.6

　最大化　　$z = 10x_1 - 57x_2 - 9x_3 - 24x_4$
　制約条件　$0.5x_1 - 5.5x_2 - 2.5x_3 + 9x_4 + x_5 \qquad\qquad = 0$　　(3.34)
　　　　　　$0.5x_1 - 1.5x_2 - 0.5x_3 + x_4 \qquad + x_6 \qquad = 0$
　　　　　　$x_1 \qquad\qquad\qquad\qquad\qquad\qquad + x_7 = 1$
　　　　　　$x_1, \cdots, x_7 \geq 0$

　この例題を単体法で解けば**表 3.5** となり，6 回目の反復の可能基底解が初期可能基底解と一致する。あとはこの**循環** (cycle) が繰り返し起こり，単体法は収束しない。ただし，表 3.5 において空白は 0 を表し，ステップ 5 の式(3.31)で r を定める際，複数の候補があれば最も小さい添字を選ぶものとする。実際に循環が発生していることを確かめられたい。

　循環が発生する例題は，ほかにもいくつか知られている[11]。

　この循環を防ぐには，$b_r' = 0$ となった反復以後，単体法(3.33)のステップ 3 と 5 をつぎのステップでおき換えればよい。

表 3.5 [例題 3.6] の単体表

基底変数	x_1	x_2	x_3	x_4	x_5	x_6	x_7	定数項
z	-10	57	9	24				0
x_5	⓪.5	-5.5	-2.5	9	1			0
x_6	0.5	-1.5	-0.5	1		1		0
x_7	1						1	1
z	0	-53	-41	204	20			0
x_1	1	-11	-5	18	2			0
x_6	0	④	2	-8	-1	1		0
x_7	0	11	5	-18	-2		1	1
z		0	-14.5	98	6.75	13.25		0
x_1	1	0	⓪.5	-4	-0.75	2.75		0
x_2		1	0.5	-2	-0.25	0.25		0
x_7		0	-0.5	4	0.75	-2.75	1	1
z	29		0	-18	-15	93		0
x_3	2		1	-8	-1.5	5.5		0
x_2	-1	1	0	②	0.5	-2.5		0
x_7	1		0				1	1
z	20	9	0	0	-10.5	70.5		0
x_3	-2	4	1	0	⓪.5	-4.5		0
x_4	-0.5	0.5		1	0.25	-1.25		0
x_7	1			0			1	1
z	-22	93	21	0		-24		0
x_5	-4	8	2		1	-9		0
x_4	0.5	-1.5	-0.5	1	0	①		0
x_7	1				0		1	1
z	-10	57	9	24		0		0
x_5	0.5	-5.5	-2.5	9	1	0		0
x_6	0.5	-1.5	-0.5	1		1		0
x_7	1					0	1	1

③　$c_j' < 0$ となる最小番号 $j \in J_N$ を s とおく。

⑤　式(3.31)において複数の候補があれば，最小番号 i を r とおく。

実際，[例題 3.6] にこの単体法を適用すれば**表 3.6** となり，循環が発生せず，7回の反復で最適解が得られる。この基底および非基底変数の選択規則を Bland（1977）[7]の**最小添字規則**（smallest-subscript rule）と呼んでいる。

最小添字規則は，表 3.5 の 4 回目の反復後のピボット選択まで通常の単体法

表 3.6 [例題 3.6] への最小添字規則の適用

基底変数	x_1	x_2	x_3	x_4	x_5	x_6	x_7	定数項
z	-22	93	21			-24		0
x_5	-4	8	2		1	-9		0
x_4	⓪.5	-1.5	-0.5	1		1		0
x_7	1						1	1
z	0	27	-1	44		20		0
x_5	0	-4	-2	8	1	-1		0
x_1	1	-3	-1	2		2		0
x_7	0	3	①	-2		-2	1	1
z		30	0	42		18	1	1
x_5		2	0	4	1	-5	2	2
x_1	1	0	0	0		0	1	1
x_3		3	1	-2		-2	1	1

と一致し，表 3.6 では 5 回目の反復からの単体表が示されている．この表より [例題 3.6] の最適解は

$$z^* = 1, \quad x_1^* = 1, \quad x_3^* = 1, \quad x_5^* = 2, \quad x_2^* = x_4^* = x_6^* = x_7^* = 0$$

として求められる．しかし，実際問題で循環が発生することはきわめてまれであり，通常単体法 (3.33) が用いられる．

単体法は，経験的には $3m/2 \sim 3m$ 回程度の反復で収束することが知られている[8]．しかし，単体法の計算時間が問題の規模とともに指数的に増加し，最適解を得るまでの反復が $2^n - 1$ 回となる例題が示されている．

例題 3.7 Klee and Minty (1972)[42]

最大化　　$z = \sum_{j=1}^{n} 10^{n-j} x_j$

制約条件　$\left(2\sum_{j=1}^{i-1} 10^{i-j} x_j \right) + x_i \leq 100^{i-1}, \quad i = 1, \cdots, n$

　　　　　$x_j \geq 0, \quad j = 1, \cdots, n$

実際，$n = 3, 4, \cdots$ にたいして最適解を得るまでの反復が $7, 15, \cdots$ となることを確かめられたい．したがって，単体法は多項式オーダーのアルゴリズムではない．

3.5 2段階法とVBAプログラム

生産計画問題［例題3.1］において,「労働力は必ず2以上使用しなければならない」という付加条件が付いた問題を考える。［例題1.1］の定式化を参考にすれば以下のようになる。

例題 3.8　付加条件が付いた生産計画問題

最大化　　$z = 2x_1 + 3x_2$　　　　　　　　　　　　　(3.1)

制約条件　$x_1 + x_2 \leq 4$　　　　　　　　　　　　　(3.2)

　　　　　$x_1 + 2x_2 \leq 6$　　　　　　　　　　　　(3.3)

　　　　　$x_1 + 2x_2 \geq 2$　　　　　　　　　　　　(3.35)

　　　　　$x_1, \ x_2 \geq 0$　　　　　　　　　　　　　(3.4)

ここで, 式(3.35)が付加条件を表している。3.2節で述べたように, この例題にスラック変数 $x_3, \ x_4, \ x_5 \geq 0$ を導入して標準形に直せば以下のようになる。

例題 3.9　付加条件が付いた生産計画問題の標準形

最大化　　$z = 2x_1 + 3x_2$　　　　　　　　　　　　　(3.1)

制約条件　$x_1 + x_2 + x_3 \qquad\qquad = 4$　　　　　(3.12)

　　　　　$x_1 + 2x_2 \qquad + x_4 \quad\ \ = 6$　　　　(3.13)

　　　　　$x_1 + 2x_2 \qquad\qquad - x_5 = 2$　　　　(3.36)

　　　　　$x_1, \ \cdots, \ x_5 \geq 0$　　　　　　　　　　　(3.37)

前節同様, スラック変数を基底変数に選べば, その基底解は

　　$x_3 = 4, \ x_4 = 6, \ x_5 = -2, \ x_1 = x_2 = 0$

となるが, x_5 が非負条件を満たさず, 可能基底解ではない。

そこで, 逆向きの不等式にたいする式(3.36)に新たに変数 $x_6 \geq 0$ を

　　$x_1 + 2x_2 - x_5 + x_6 = 2$　　　　　　　　　　(3.36)′

として導入する。ここで, $x_3, \ x_4, \ x_6$ を基底変数に選べば式(3.12), (3.13),

(3.36)′の基底解は

$$x_3 = 4, \quad x_4 = 6, \quad x_6 = 2, \quad x_1 = x_2 = x_5 = 0 \tag{3.38}$$

となり，初期可能基底解が得られる．この初期可能基底解を形式的につくりだすためだけに導入した変数 x_6 は，**人為変数**（artificial variable）と呼ばれる．

しかし，［例題3.9］の可能基底解となるためには $x_6 = 0$ でなければならず，これは目的関数 $w = -x_6$ を最大化すれば求められる．すなわち，［例題3.9］の初期可能基底解を求めるために，単体法を始めるのに必要となる初期可能基底解を，人為変数を導入して形式的につくりだし，その人為変数を単体法により w を最大化して消去するのである．

単体法により得られた最大値 $w^* = 0$ ならば，人為変数が消去されたことになり，［例題3.9］の初期可能基底解が得られる．一方 $w^* < 0$ ならば，［例題3.9］には実行可能解が存在せず，不能である．

この初期可能基底解をみつけられるか不能かを判定する段階を**第1段階**（phase one）と呼び，得られた初期可能基底解から出発して最適解を求める段階を**第2段階**（phase two）と呼んでいる．そして，この解法を**2段階法**（two phase method）と呼ぶ．

［例題3.9］の w を最大化する第1段階はつぎのLP問題を解くことである．

例題 3.10 付加条件が付いた生産計画問題の第1段階LP問題

$$\text{最大化} \quad w = -x_6 = x_1 + 2x_2 - x_5 - 2 \tag{3.39}$$

$$\text{制約条件} \quad x_1 + x_2 + x_3 \qquad\qquad = 4 \tag{3.12}$$

$$x_1 + 2x_2 \qquad + x_4 \qquad = 6 \tag{3.13}$$

$$x_1 + 2x_2 \qquad\qquad - x_5 + x_6 = 2 \tag{3.36}$$

$$x_1, \cdots, x_6 \geq 0 \tag{3.40}$$

ここで，目的関数 w は初期可能基底解での値を得るために，非基底変数で表されていなければならず，式(3.36)′を x_6 について解いて式(3.39)を得る．したがって，初期可能基底解(3.38)から単体法で解くことができ，最適解 $x_6^* = 0$ となる解が得られれば，それが［例題3.9］の初期可能基底解であり，単体

法により z を最大化する LP 問題を解くことができる.

実際，第 1 段階 LP 問題を解けば**表 3.7** であり，最適解 $w^* = 0$, $x_2^* = 1$, $x_3^* = 3$, $x_4^* = 4$, $x_1^* = x_5^* = x_6^* = 0$ を得る．

表 3.7 ［例題 3.10］の単体表（第 1 段階）

基底変数	x_1	x_2	x_3	x_4	x_5	x_6	定数項
w	-1	-2			1		-2
x_3	1	1	1				4
x_4	1	2		1			6
x_6	1	②			-1	1	2
w	0	0			0	1	0
x_3	0.5	0	1		0.5	-0.5	3
x_4	0	0		1	1	-1	4
x_2	0.5	1			-0.5	0.5	1

明らかに，この解は［例題 3.9］の初期可能基底解であり，第 2 段階 LP 問題が得られる.

例題 3.11 付加条件が付いた生産計画問題の第 2 段階 LP 問題

$$\text{最大化} \quad z = 2x_1 + 3x_2 = 0.5x_1 + 1.5x_5 + 3 \tag{3.41}$$

$$\text{制約条件} \quad 0.5x_1 \quad + x_3 \quad + 0.5x_5 = 3 \tag{3.42}$$

$$\qquad\qquad\qquad x_4 + \quad x_5 = 4 \tag{3.43}$$

$$0.5x_1 + x_2 \quad - 0.5x_5 = 1 \tag{3.44}$$

$$x_1, \cdots, x_5 \geq 0 \tag{3.37}$$

ここで式 (3.42)〜(3.44) は，表 3.7 で人為変数 $x_6 = 0$ とおいて得られる式であり，式 (3.41) は基底変数 x_2 に式 (3.44) を代入して得られる式である．第 2 段階 LP 問題を単体法で解けば**表 3.8** であり，最適解 $z^* = 10$, $x_1^* = 2$, $x_2^* = 2$, $x_5^* = 4$, $x_3^* = x_4^* = 0$ を得る．

一般の LP 問題（問題 1.2）を，2 段解法を用いて解くことを考える．

表 3.8 [例題 3.11] の単体表（第 2 段階）

基底変数	x_1	x_2	x_3	x_4	x_5	定数項
z	-0.5				-1.5	3
x_3	0.5		1		0.5	3
x_4				1	①	4
x_2	0.5	1			-0.5	1
z	-0.5			1.5	0	9
x_3	⓪.5		1	-0.5	0	1
x_5				1	1	4
x_2	0.5	1		0.5	0	3
z	0			1	1	10
x_1	1		2	-1		2
x_5				1	1	4
x_2	0	1	-1	1		2

[問 題] **3.4** LP 問題

最大化　　$z = c_1 x_1 + c_2 x_2 + \cdots + c_n x_n$　　　　　　　　　(3.45)

制約条件　$a_{i1} x_1 + a_{i2} x_2 + \cdots + a_{in} x_n \leq b_i,\ i = 1, \cdots, m_1$ (3.46)

$a_{i1} x_1 + a_{i2} x_2 + \cdots + a_{in} x_n \geq b_i,\ i = m_1 + 1, \cdots, m_2$
(3.47)

$a_{i1} x_1 + a_{i2} x_2 + \cdots + a_{in} x_n = b_i,\ i = m_2 + 1, \cdots, m$
(3.48)

$x_1,\ x_2,\ \cdots,\ x_n \geq 0$　　　　　　　　　　　　　　(3.49)

ここで，$b_i \geq 0,\ i = 1, \cdots, m$ である．[問題 3.4] にたいする第 1 段階 LP 問題は，以下の手順で導かれる．

[第 1 段階 LP 問題の生成手順]　　　　　　　　　　　　(3.50)

① 不等式制約 (3.46)，(3.47) にスラック変数 $x_{n+i} \geq 0,\ i = 1, \cdots, m_2$ を導入し，等式にする．

② 逆向きの不等式 (3.47) および等式 (3.48) に，順次人為変数 $x_{n+m_2+i-m_1} \geq 0,\ i = m_1 + 1, \cdots, m$ を導入する．このとき，順向きの不等式 (3.46) にたいするスラック変数と，人為変数を基底変数とする初期可能基底解が得られる．

③ 最大化すべき目的関数 $w = -(x_{n+m_2+1} + \cdots + x_{n+m_2+m-m_1})$ の初期可能基底解での値を得るために，非基底変数 $x_1, \cdots, x_n, x_{n+m_1+1}, \cdots, x_{n+m_2}$ で表す．

以上の手順により，[問題 3.4] の第 1 段階 LP 問題はつぎのようになる．

問題 3.5 [問題 3.4] の第 1 段階 LP 問題

最大化
$$w = -\sum_{i=m_1+1}^{m} x_{n+m_2+i-m_1} = \sum_{j=1}^{n}\left(\sum_{i=m_1+1}^{m} a_{ij}\right)x_j - \sum_{i=m_1+1}^{m_2} x_{n+i}$$
$$- \sum_{i=m_1+1}^{m} b_i \tag{3.51}$$

制約条件
$$a_{i1}x_1 + a_{i2}x_2 + \cdots + a_{in}x_n + x_{n+i} = b_i,$$
$$i = 1, \cdots, m_1 \tag{3.52}$$
$$a_{i1}x_1 + a_{i2}x_2 + \cdots + a_{in}x_n - x_{n+i} + x_{n+m_2+i-m_1} = b_i,$$
$$i = m_1 + 1, \cdots, m_2 \tag{3.53}$$
$$a_{i1}x_1 + a_{i2}x_2 + \cdots + a_{in}x_n + x_{n+m_2+i-m_1} = b_i,$$
$$i = m_2 + 1, \cdots, m \tag{3.54}$$
$$x_1, \cdots, x_{n+m+m_2-m_1} \geq 0 \tag{3.55}$$

この LP 問題は，初期可能基底解

$$x_{n+i} = b_i, \ i = 1, \cdots, m_1, \ x_{n+m_2+i-m_1} = b_i, \ i = m_1 + 1, \cdots, m$$
$$x_j = 0, \ j = 1, \cdots, n, \ n + m_1 + 1, \cdots, n + m_2$$

から単体法により解くことができ，非負条件(3.55)より $w \leq 0$ であるから，必ず有界な最適解が得られる．この最終単体表を**表 3.9** に示す．

この表で，第 i 制約式の基底変数が $x_{j(i)}, \ i = 1, \cdots, m$ であり，非基底変

表 3.9 第 1 段階 LP 問題の最終単体表

基底変数	$x_{j(1)}$	$x_{j(2)}$	$\cdots$	$x_{j(m)}$	$x_{j(m+1)}$	$\cdots$	$x_{j(m+n+m_2-m_1)}$	定数項
w	0	0		0	$d'_{j(m+1)}$	$\cdots$	$d'_{j(m+n+m_2-m_1)}$	w'
$x_{j(1)}$	1				$a'_{1j(m+1)}$	$\cdots$	$a'_{1j(m+n+m_2-m_1)}$	b_1'
			O					
$x_{j(2)}$		1			$a'_{2j(m+1)}$	$\cdots$	$a'_{2j(m+n+m_2-m_1)}$	b_2'
$\vdots$			$\ddots$		$\vdots$		$\vdots$	$\vdots$
		O						
$x_{j(m)}$				1	$a'_{mj(m+1)}$	$\cdots$	$a'_{mj(m+n+m_2-m_1)}$	b_m'

数を $x_{j(m+l)}$, $l = 1, \cdots, n + m_2 - m_1$ で表し，単体表の列を並べ換えて基底変数を左側にまとめている．第1段階の最適解はつぎのようになる．

$$w^* = w', \quad x_{j(i)}{}^* = b_i{}', \quad i = 1, \cdots, m,$$

$$x_{j(m+l)}{}^* = 0, \quad l = 1, \cdots, n + m_2 - m_1$$

このとき，つぎの3つの場合（C），（D-1），（D-2）のいずれかが起こる．

(C)　　$w^* < 0$　（不能性条件）　　　　　　　　　　　　　　　　　　　(3.56)

(D-1)　$w^* = 0$ であり，最適解の基底変数に人為変数を含まない．

(D-2)　$w^* = 0$ であり，最適解の基底変数に人為変数を含む．

まず(C)の場合，[問題 3.5] の実行可能解から人為変数を消去できないことを意味し，LP 問題（問題 3.4）は不能である．この条件を**不能性条件**（infeasibility condition）と呼ぶ．

次いで(D-1)の場合，実行可能解からすべての人為変数を消去できたことを意味し，LP 問題（問題 3.4）の初期可能基底解が得られたことになる．したがって，すべての人為変数を削除し，この初期可能基底解から z を最大化する第2段階を始めることができる．すなわち，表 3.9 におけるすべての人為変数の列を削除することができ，変数の数は $n + m_2$ になる．また，w 行の代わりに，z の初期可能基底解での値を得るために非基底変数で表し

$$\begin{aligned} z &= \sum_{i=1}^{m} c_{j(i)} x_{j(i)} + \sum_{l=1}^{n+m_2-m_1} c_{j(m+l)} x_{j(m+l)} \\ &= \sum_{l=1}^{n+m_2-m_1} \left\{ c_{j(m+l)} - \sum_{i=1}^{m} c_{j(i)} a_{ij}{}'_{(m+l)} \right\} x_{j(m+l)} + \sum_{i=1}^{m} c_{j(i)} b_i{}' \end{aligned} \quad (3.57)$$

からすべての人為変数を削除した式を z 行に入れればよい．第2段階はこの LP 問題を，単体法(3.33)で解くことである．

最後に(D-2)の場合，例えば第 i 式の基底変数 $x_{j(i)}$ が人為変数とすれば，$w^* = 0$ より $b_i{}' = 0$ であり

$$x_{j(i)} + \sum_{l=1}^{n+m_2-m_1} a_{ij}{}'_{(m+l)} x_{j(m+l)} = 0 \quad (3.58)$$

である．ここで，少なくとも一つの人為変数でない変数，例えば $x_{j(m+k)}$ の係数 $a_{ij}{}'_{(m+k)}$ が 0 でなければ，z をはじめすべての基底変数の値を変えることな

しに，第 i 式の基底変数を $x_{j(m+k)}$ に変更することができる．実際，$a_{ij}'_{(m+k)}$ をピボットとする掃出し(3.15)を行えばよい．

この手順を繰り返せば，(D-1)の場合に帰着させることができる．もし式(3.58)で，すべての人為変数でない変数の係数が 0 であれば，式(3.58)は人為変数だけの関係式となり，第 i 制約式は［問題 3.4］の冗長な制約式となるので，削除することができる．

2 段階法の VBA プログラムが CD-ROM, ファイル名 LP.xls に入っている．このプログラムを用いて，［例題 3.8］を解く手順を説明する．

① CD-ROM の LP.xls をダブルクリックする．すると図 3.3 のような警

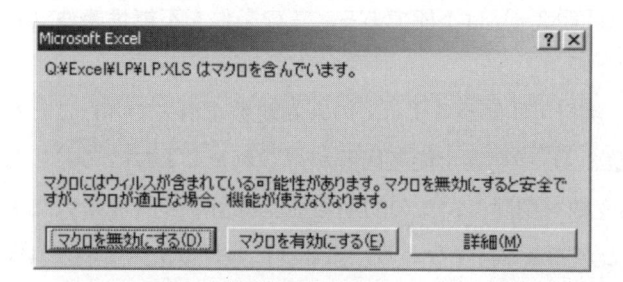

図 3.3 マクロの警告

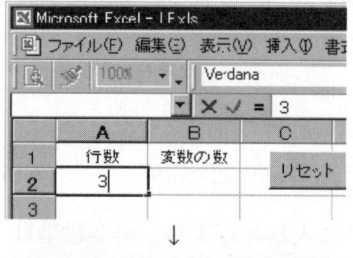

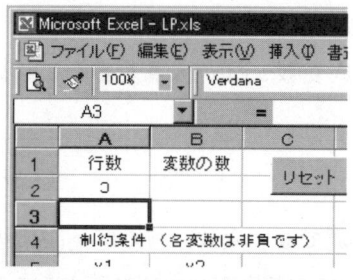

図 3.4 行数の入力（例題 3.8）

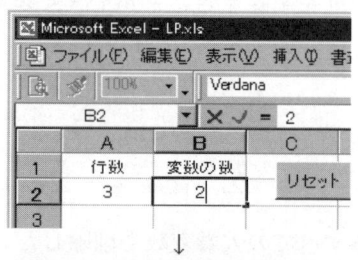

図 3.5 変数の数の入力（例題 3.8）

3.5 2段階法とVBAプログラム

告が出るが，ここでは［マクロを有効にする］をクリックする。

② x_1, $x_2 \geq 0$ を除く制約条件の数が3つなので，行数に3を入れENTERキーを押せば図3.4である。

③ x_1, x_2 が用いられているので，変数の数に2を入れENTERキーを押せば図3.5である。

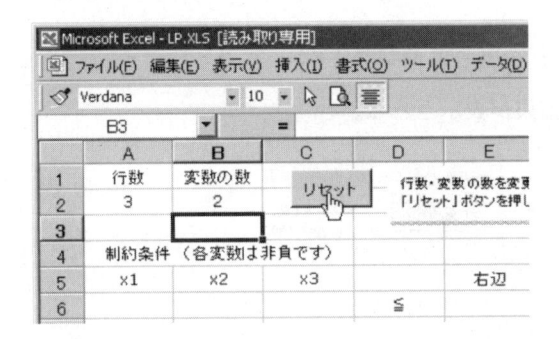

図 3.6　リセットボタン（例題 3.8）

図 3.7　制約条件等の入力（例題 3.8）

図 3.8　不等号の入力（例題 3.8）

3. 線形計画法

④ 図 3.6 の［リセット］ボタンを押す。

⑤ 制約条件と最大化を入力する部分がクリアされるので，必要なデータを入力すれば図 3.7 である。

⑥ 不等号に関しては，セルをクリックすると，図 3.8 に示されるプルダウンボタンが現れる。そこで，改めてプルダウンボタンをクリックし，該当する不等号を選ぶ。

⑦ 図 3.9 の［計算開始］ボタンを押す。

⑧ 図 3.10 として計算結果が表示される。

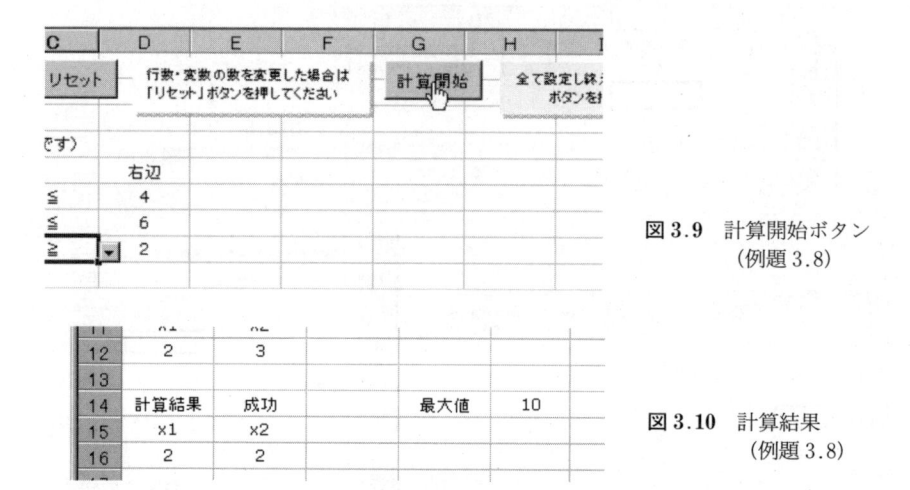

図 3.9　計算開始ボタン（例題 3.8）

図 3.10　計算結果（例題 3.8）

⑨ 単体表をみるために，図 3.11 の「単体表」をクリックする。

⑩ 単体表が図 3.12 として示される。

表 3.7，表 3.8 が得られることを確かめられたい。また，［例題 3.6］，［例題 3.7］を，実際に VBA プログラムで解かれたい。

さらに，身近にある LP 問題あるいは乱数さい（20 面体さいころ）などを用いて例題を作成し，実際に解かれることをすすめる。

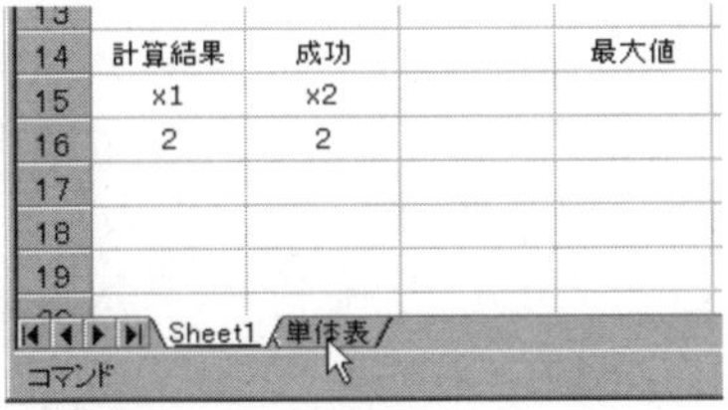

図3.11 単体表のシートの選択（例題3.8）

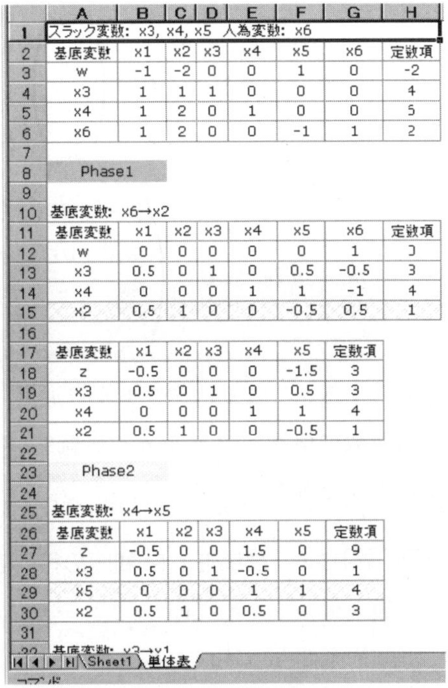

	A	B	C	D	E	F	G	H
1	スラック変数: x3, x4, x5 人為変数: x6							
2	基底変数	x1	x2	x3	x4	x5	x6	定数項
3	w	-1	-2	0	0	1	0	-2
4	x3	1	1	1	0	0	0	4
5	x4	1	2	0	1	0	0	5
6	x6	1	2	0	0	-1	1	2
8	Phase1							
10	基底変数: x6→x2							
11	基底変数	x1	x2	x3	x4	x5	x6	定数項
12	w	0	0	0	0	0	1	0
13	x3	0.5	0	1	0	0.5	-0.5	3
14	x4	0	0	0	1	1	-1	4
15	x2	0.5	1	0	0	-0.5	0.5	1
17	基底変数	x1	x2	x3	x4	x5	定数項	
18	z	-0.5	0	0	0	-1.5	3	
19	x3	0.5	0	1	0	0.5	3	
20	x4	0	0	0	1	1	4	
21	x2	0.5	1	0	0	-0.5	1	
23	Phase2							
25	基底変数: x4→x5							
26	基底変数	x1	x2	x3	x4	x5	定数項	
27	z	-0.5	0	0	1.5	0	9	
28	x3	0.5	0	1	-0.5	0	1	
29	x5	0	0	0	1	1	4	
30	x2	0.5	1	0	0.5	0	3	

	計算結果	成功		最大値
15	x1	x2		
16	2	2		

図3.12 単体表（例題3.8）

3.6 改訂単体法

これまではベクトル，行列を用いずに述べてきたが，改訂単体法を説明するためには行列表現が不可欠である．まず，標準形LP問題（問題3.2）をベクトル，行列を用いて表すために

$$n \text{次元ベクトル} \quad \boldsymbol{x} = \begin{pmatrix} x_1 \\ x_2 \\ \vdots \\ x_n \end{pmatrix}, \quad \boldsymbol{c} = (c_1 \quad c_2 \quad \cdots \quad c_n),$$

m 次元ベクトル $\quad \boldsymbol{b} = \begin{pmatrix} b_1 \\ b_2 \\ \vdots \\ b_m \end{pmatrix}$,

$m \times n$ 行列 $\boldsymbol{A} = \begin{pmatrix} a_{11} & a_{12} & \cdots & a_{1n} \\ a_{21} & a_{22} & \cdots & a_{2n} \\ \vdots & \vdots & & \vdots \\ a_{m1} & a_{m2} & \cdots & a_{mn} \end{pmatrix}$

を導入する.ここで,ベクトルは通常,列(縦)ベクトルにとるが,LP では目的関数の係数ベクトル $\boldsymbol{c}$ を伝統的に行(横)ベクトルにとる.このときつぎのようである.

[問題] **3.6 標準形 LP 問題の行列表現**

最大化 $\quad z = \boldsymbol{cx}$ $\hfill$ (3.9)′

制約条件 $\quad \boldsymbol{Ax} = \boldsymbol{b}$ $\hfill$ (3.10)′

$\quad\quad\quad\quad \boldsymbol{x} \geq \boldsymbol{0}$ $\hfill$ (3.11)′

ここで,以下行列 $\boldsymbol{A}$ の **階数**(rank)を m と仮定する.この仮定は,他の制約式を組み合わせて表現できる冗長な制約式が式(3.10)′に含まれていないことを意味している.したがって,2段階法における式(3.58)には,少なくとも1つの人為変数以外の変数が含まれている.

表 3.9 同様,基底変数の選択に一般性を持たせて

基底変数の添字集合 $\quad J_B = \{j(1), \cdots, j(m)\}$

非基底変数の添字集合 $\quad J_N = \{j(m+1), \cdots, j(n)\}$

とおく.これらに対応して

基底変数ベクトル $\quad \boldsymbol{x}_B = \begin{pmatrix} x_{j(1)} \\ \vdots \\ x_{j(m)} \end{pmatrix}$, 非基底変数ベクトル $\quad \boldsymbol{x}_N = \begin{pmatrix} x_{j(m+1)} \\ \vdots \\ x_{j(n)} \end{pmatrix}$

$\boldsymbol{c}_B = (c_{j(1)} \cdots c_{j(m)}), \ \boldsymbol{c}_N = (c_{j(m+1)} \cdots c_{j(n)})$

とおけば，式(3.9)あるいは式(3.9)′は

$$z = \sum_{j \in J_B} c_j x_j + \sum_{j \in J_N} c_j x_j = c_B x_B + c_N x_N \tag{3.59}$$

と表すことができる。さらに，A の列ベクトルを $a_j = \begin{pmatrix} a_{1j} \\ a_{2j} \\ \vdots \\ a_{mj} \end{pmatrix}$, $j = 1, \cdots,$

m とおけば $A = (a_1 \ a_2 \ \cdots \ a_m)$ であり，基底行列 $B = (a_{j(1)} \ \cdots \ a_{j(m)})$, 非基底行列 $N = (a_{j(m+1)} \ \cdots \ a_{j(n)})$ とおけば，式(3.10)あるいは式(3.10)′は

$$\sum_{j \in J_B} a_j x_j + \sum_{j \in J_N} a_j x_j = B x_B + N x_N = b \tag{3.60}$$

である。ここで，基底行列の逆行列[†] B^{-1} が存在するものと仮定する。このとき，式(3.60)に左から B^{-1} をかければ

$$x_B = B^{-1} b - B^{-1} N x_N = B^{-1} b - B^{-1} (a_{j(m+1)} \ \cdots \ a_{j(n)}) \begin{pmatrix} x_{j(m+1)} \\ \vdots \\ x_{j(n)} \end{pmatrix} \tag{3.61}$$

であり，式(3.59)に代入すれば

$$z = c_B(B^{-1}b - B^{-1}Nx_N) + c_N x_N = c_B B^{-1} b - (c_B B^{-1} N - c_N) x_N \tag{3.62}$$

を得る。式(3.61), (3.62)を式(3.22), (3.23)〔簡単のため $j(i) = i$, $i = 1, \cdots, m$, $j(m+l) = m+l$, $l = 1, \cdots, n-m$, ととっている〕と比較すれば

$$z' = c_B B^{-1} b,$$
$$c_{j(m+l)}' = c_B B^{-1} a_{j(m+l)} - c_{j(m+l)}, \quad l = 1, \cdots, n-m \tag{3.63}$$
$$b' = (b_i') = B^{-1} b, \quad a_{j(m+l)}' = \begin{pmatrix} a_{1j(m+l)}' \\ \vdots \\ a_{mj(m+l)}' \end{pmatrix} = B^{-1} a_{j(m+l)},$$

[†] 単位行列 $I = \begin{pmatrix} 1 & & 0 \\ & \ddots & \\ 0 & & 1 \end{pmatrix}$ にたいして，$XB = I$, $BX = I$ となる行列 X を B の逆行列と呼び，B^{-1} で表す。

$$l = 1, \cdots, n - m \tag{3.64}$$

が成り立つ．したがって，単体法(3.33)の計算で必要となるものはすべて，基底逆行列 $\boldsymbol{B}^{-1}$ を保持しておけば式(3.63)，(3.64)を用いて元のデータ $\boldsymbol{A}$, $\boldsymbol{b}$, $\boldsymbol{c}$ から計算できる．さらに，m 次元行ベクトル

$$\boldsymbol{\pi} = (\pi_{j(1)}, \pi_{j(2)}, \cdots, \pi_{j(m)}) = \boldsymbol{c}_B \boldsymbol{B}^{-1} \tag{3.65}$$

を**シンプレックス乗数** (simplex multiplier) あるいは**価格ベクトル** (pricing vector)，**潜在価格** (shadow price) と呼び

$$\bar{c}_{j(m+l)} = (c_{j(m+l)}' =) \boldsymbol{\pi} \boldsymbol{a}_{j(m+l)} - c_{j(m+l)}, \quad l = 1, \cdots, n - m \tag{3.66}$$

を**リデュースドコスト** (reduced cost) と呼ぶ．単体表の代わりに，基底逆行列を保持する単体法を，**改訂単体法** (revised simplex method) と呼ぶ．単体表を保持するためには $(m+1) \times (n+1)^{\dagger}$ の記憶容量が必要であるが，基底逆行列は m^2 で済む点が改訂単体法の利点である．また，基底逆行列以外はつねに原データ $\boldsymbol{A}$, $\boldsymbol{b}$, $\boldsymbol{c}$ を用いるため，まるめ誤差などが小さいのも重要な特長である．

単体法(3.33)のステップ 6 において，a_{rs}' をピボットとする掃出しにより，x_s が基底変数になり，代わりに $x_{j(r)}$ が非基底変数になる．すなわち，新しい基底行列 $\bar{\boldsymbol{B}}$ は

$$\bar{\boldsymbol{B}} = (\boldsymbol{a}_{j(1)}, \cdots, \boldsymbol{a}_{j(r-1)}, \boldsymbol{a}_s, \boldsymbol{a}_{j(r+1)}, \cdots, \boldsymbol{a}_{j(m)})$$

となる．このとき，改訂単体法を続けるためには，保持されている基底逆行列 $\boldsymbol{B}^{-1}$ を，新しい基底逆行列 $\bar{\boldsymbol{B}}^{-1}$ に更新する手順が必要となる．

まず，単位ベクトル $\boldsymbol{e}_i = \begin{pmatrix} \overset{1}{0} & \cdots & \overset{i}{1} & \cdots & \overset{m}{0} \end{pmatrix}^T$（$T$ は転置を表す）と単位行列 $\boldsymbol{I}$ にたいして

$$\boldsymbol{B}^{-1} \boldsymbol{B} = (\boldsymbol{B}^{-1} \boldsymbol{a}_{j(1)}, \cdots, \boldsymbol{B}^{-1} \boldsymbol{a}_{j(m)}) = (\boldsymbol{e}_1, \boldsymbol{e}_2, \cdots, \boldsymbol{e}_m) = \boldsymbol{I}$$

であるから，式(3.64)より

$$\boldsymbol{B}^{-1} \bar{\boldsymbol{B}} = (\boldsymbol{B}^{-1} \boldsymbol{a}_{j(1)}, \cdots, \boldsymbol{B}^{-1} \boldsymbol{a}_{j(r-1)}, \boldsymbol{B}^{-1} \boldsymbol{a}_s, \boldsymbol{B}^{-1} \boldsymbol{a}_{j(r+1)}, \cdots, \boldsymbol{B}^{-1} \boldsymbol{a}_{j(m)})$$

---

† 基底変数にたいする列ベクトルは自明であり，これらを削除すれば $(m+1) \times (n-m+1)$ まで減らすことができる．

$$= (e_1, \cdots, e_{r-1}, a_s', e_{r+1}, \cdots, e_m)$$

である。上式に $\bar{B}^{-1}$ を右から，右辺の逆行列を左からかければ

$$\bar{B}^{-1} = (e_1, \cdots, e_{r-1}, a_s', e_{r+1}, \cdots, e_m)^{-1} B^{-1} \tag{3.67}$$

を得る。ここで，上式に現れる逆行列を

$$E = (e_1, \cdots, e_{r-1}, a_s', e_{r+1}, \cdots, e_m)^{-1}$$

$$\eta_s = \left(-\frac{a_{1s}'}{a_{rs}'}, \cdots, -\frac{a_{r-1s}'}{a_{rs}'}, \frac{1}{a_{rs}'}, -\frac{a_{r+1s}'}{a_{rs}'}, \cdots, -\frac{a_{ms}'}{a_{rs}'}\right)^T$$

とおき，実際に

$$E = (e_1, \cdots, e_{r-1}, \eta_s, e_{r+1}, \cdots, e_m) \tag{3.68}$$

とおいて計算すれば

$$E(e_1, \cdots, e_{r-1}, a_s', e_{r+1}, \cdots, e_m) = I$$

となる。すなわち，式(3.68)は求める逆行列である。したがって，式(3.67)，(3.68)より，新しい基底逆行列 $\bar{B}^{-1}$ を次式から求めることができる。

$$\bar{B}^{-1} = EB^{-1} \tag{3.69}$$

単体法(3.33)を単体表の代わりに基底逆行列を用いて表せば，改訂単体法を得る。

［改訂単体法］ (3.70)

① 初期可能基底解を与える基底変数 $J_B = \{j(1), \cdots, j(m)\}$ と，基底行列 B の逆行列 B^{-1} を求める。

② $\pi = c_B B^{-1}$ を計算し，$\bar{c}_j = \pi a_j - c_j \ (j \in J_N)$ を求める。すべての $j \in J_N$ にたいして $\bar{c}_j \geq 0$ ならば最適である。最適解は

$$z^* = c_B B^{-1} b = \pi b, \quad x_B^* = B^{-1} b, \quad x_N^* = 0 \tag{3.71}$$

で与えられる。

③ $\bar{c}_s = \min\{\bar{c}_j \, ; \, \bar{c}_j < 0, \, j \in J_N\}$ となる s を求める。

④ $a_s' = B^{-1} a_s = \begin{pmatrix} a_{1s}' \\ \vdots \\ a_{ms}' \end{pmatrix}$ を計算し，すべての $i = 1, \cdots, m$ で $a_{is}' \leq 0$ ならば非有界である。

⑤　$b' = B^{-1}b = \begin{pmatrix} b_1' \\ \vdots \\ b_m' \end{pmatrix}$ を計算し，$\theta_{rs} = \dfrac{b_r'}{a_{rs}'} = \min\{\dfrac{b_i'}{a_{is}'}\ ;\ a_{is}' > 0,\ i = 1, \cdots, m\}$ となる r を定める。

⑥　$\boldsymbol{\eta}_s = \begin{pmatrix} -a_{1s}'/a_{rs}' \\ \vdots \\ -a_{r-1s}'/a_{rs}' \\ 1/a_{rs}' \\ -a_{r+1s}'/a_{rs}' \\ \vdots \\ -a_{ms}'/a_{rs}' \end{pmatrix}$，$E = (e_1, \cdots, e_{r-1}, \boldsymbol{\eta}_s, e_{r+1}, \cdots, e_m)$

を求め，$\overline{B}^{-1} = EB^{-1}$ を計算し，$J_B = \{j(1), \cdots, j(r-1), s, j(r+1), \cdots, j(m)\}$, $B^{-1} = \overline{B}^{-1}$ とおいてステップ 2 へ。

[例題 3.2] を改訂単体法を用いて解いてみる。まず $\boldsymbol{x} = \begin{pmatrix} x_1 \\ x_2 \\ x_3 \\ x_4 \end{pmatrix}$, $\boldsymbol{c} = (2\ \ 3\ \ 0\ \ 0)$, $\boldsymbol{b} = \begin{pmatrix} 4 \\ 6 \end{pmatrix}$, $\boldsymbol{a}_1 = \begin{pmatrix} 1 \\ 1 \end{pmatrix}$, $\boldsymbol{a}_2 = \begin{pmatrix} 1 \\ 2 \end{pmatrix}$, $\boldsymbol{a}_3 = \begin{pmatrix} 1 \\ 0 \end{pmatrix}$, $\boldsymbol{a}_4 = \begin{pmatrix} 0 \\ 1 \end{pmatrix}$ である。初期可能基底解を与える基底変数として，$J_B = \{3, 4\}$ ととれば $B = (\boldsymbol{a}_3\ \ \boldsymbol{a}_4) = \begin{pmatrix} 1 & 0 \\ 0 & 1 \end{pmatrix} = B^{-1}$ であり

① $J_B = \{3, 4\}$, $B^{-1} = \begin{pmatrix} 1 & 0 \\ 0 & 1 \end{pmatrix}$

である。したがって，以下 (3.70) のステップをたどれば，以下のようになる。

② $\boldsymbol{\pi} = (0\ \ 0)B^{-1} = (0\ \ 0)$，$\bar{c}_1 = 0 - 2 = -2$，$\bar{c}_2 = 0 - 3 = -3$

③ $\bar{c}_2 = \min\{-2, -3\}$ より $s = 2$

3.6 改訂単体法　89

④　$a_2' = B^{-1}\begin{pmatrix}1\\2\end{pmatrix} = \begin{pmatrix}1\\2\end{pmatrix}$

⑤　$b' = B^{-1}\begin{pmatrix}4\\6\end{pmatrix} = \begin{pmatrix}4\\6\end{pmatrix}$,　$\theta_{22} = \min\left\{\dfrac{4}{1},\ \dfrac{6}{2}\right\}$ より $r = 2$

⑥　$\eta_2 = \begin{pmatrix}-0.5\\0.5\end{pmatrix}$,　$E = \begin{pmatrix}1 & -0.5\\0 & 0.5\end{pmatrix}$,　$\bar{B}^{-1} = EB^{-1} = \begin{pmatrix}1 & -0.5\\0 & 0.5\end{pmatrix}$ である。

　　$J_B = \{3,\ 2\}$,　$B^{-1} = \begin{pmatrix}1 & -0.5\\0 & 0.5\end{pmatrix}$

②　$\pi = (0\ \ 3)\begin{pmatrix}1 & -0.5\\0 & 0.5\end{pmatrix} = (0\ \ 1.5)$,　$\bar{c}_1 = (0\ \ 1.5)\begin{pmatrix}1\\1\end{pmatrix} - 2 = -0.5$,

　　$\bar{c}_4 = (0\ \ 1.5)\begin{pmatrix}0\\1\end{pmatrix} - 0 = 1.5$

③　$\bar{c}_1 = \min\{-0.5\}$ より $s = 1$

④　$a_1' = \begin{pmatrix}1 & -0.5\\0 & 0.5\end{pmatrix}\begin{pmatrix}1\\1\end{pmatrix} = \begin{pmatrix}0.5\\0.5\end{pmatrix}$

⑤　$b' = \begin{pmatrix}1 & -0.5\\0 & 0.5\end{pmatrix}\begin{pmatrix}4\\6\end{pmatrix} = \begin{pmatrix}1\\3\end{pmatrix}$,　$\theta_{11} = \min\left\{\dfrac{1}{0.5},\ \dfrac{3}{0.5}\right\}$ より $r = 1$

⑥　$\eta_1 = \begin{pmatrix}2\\-1\end{pmatrix}$,　$E = \begin{pmatrix}2 & 0\\-1 & 1\end{pmatrix}$,　$\bar{B}^{-1} = \begin{pmatrix}2 & 0\\-1 & 1\end{pmatrix}\begin{pmatrix}1 & -0.5\\0 & 0.5\end{pmatrix}$

　　　$= \begin{pmatrix}2 & -1\\-1 & 1\end{pmatrix}$ である。

　　$J_B = \{1,\ 2\}$,　$B^{-1} = \begin{pmatrix}2 & -1\\-1 & 1\end{pmatrix}$

②　$\pi = (2\ \ 3)\begin{pmatrix}2 & -1\\-1 & 1\end{pmatrix} = (1\ \ 1)$,　$\bar{c}_3 = (1\ \ 1)\begin{pmatrix}1\\0\end{pmatrix} - 0 = 1$,

　　$\bar{c}_4 = (1\ \ 1)\begin{pmatrix}0\\1\end{pmatrix} - 0 = 1$

最適解は $z^* = (1 \quad 1)\begin{pmatrix}4\\6\end{pmatrix} = 10$, $x_B^* = \begin{pmatrix}x_1^*\\x_2^*\end{pmatrix} = \begin{pmatrix}2 & -1\\-1 & 1\end{pmatrix}\begin{pmatrix}4\\6\end{pmatrix} = \begin{pmatrix}2\\2\end{pmatrix}$,

$x_N^* = \begin{pmatrix}x_3^*\\x_4^*\end{pmatrix} = \begin{pmatrix}0\\0\end{pmatrix}$ である。

単体法の商用プログラムはすべて改訂単体法に基づいており，LU 分解と大規模疎行列の技法が駆使されている。

3.7 双対定理

前節では，改訂単体法を導く過程で，標準形 LP 問題（問題 3.6）の基底変数の組 J_B にたいする基底解(3.61)〜(3.64)を示した。これを［問題 3.3］同様にまとめれば，つぎのようになる。

[問題] 3.7 　基底変数の組 J_B にたいする基底解

最大化 　　　$z = c_B B^{-1} b - (c_B B^{-1} N - c_N) x_N$ 　　　　　(3.62)

制約条件 　　$x_B = B^{-1} b - B^{-1} N x_N$ 　　　　　　　　　　　(3.61)

$\qquad\qquad x_B, \ x_N \geq 0$ 　　　　　　　　　　　　　　　　　　(3.72)

したがって

$\quad B^{-1} b \geq 0$ 　（実行可能性条件） 　　　　　　　　　　　(3.73)

$\quad c_B B^{-1} N - c_N \geq 0$ 　（最適性条件） 　　　　　　　　　(3.74)

がなりたてば，現在の基底解は最適であり，最適解は式(3.71)で与えられる。ここで，最適基底解におけるシンプレックス乗数を

$\quad \pi^* = c_B B^{-1}$

とおけば，式(3.74)より

$\quad \pi^* A = c_B B^{-1}(B \quad N) = (c_B \quad c_B B^{-1} N) \geq (c_B \quad c_N) = c$

であり，π^* は

$\quad \pi A \geq c$ 　　　　　　　　　　　　　　　　　　　　　　　(3.75)

を満たす。さらに

$$\pi^* b = c_B B^{-1} b = c x^*$$

であり，式(3.75)を満たす任意の π にたいして，$x^* \geq 0$ より

$$\pi^* b = c x^* \leq \pi A x^* = \pi b$$

がなりたつ。したがって，π^* はつぎの LP 問題の最適解である。

問題 3.8 標準形 LP 問題の双対問題

(D) 最小化 $\quad v = \pi b \quad$ (3.76)

制約条件 $\quad \pi A \geq c \quad$ (3.75)

すなわち

(D) 最小化 $\quad v = \sum_{i=1}^{m} b_i \pi_i \quad$ (3.76)′

制約条件 $\quad \sum_{i=1}^{m} a_{ij} \pi_i \geq c_j, \ j = 1, \cdots, n \quad$ (3.75)′

である。この LP 問題を標準形 LP 問題の**双対問題** (dual problem) と呼んで，(D)で表し，π を**双対変数** (dual variable) と呼ぶ。そして，元の [問題 3.6] を**主問題** (primal problem) と呼んで(P)で表す。以上の結果をまとめれば

(i) 主問題が最適解 x^* を持てば，双対問題も最適解 π^* を持ち，$z^* = v^*$ である。

例えば，[例題 3.2] の双対問題はつぎのようになる。

例題 3.12 [例題 3.2] の双対問題

$\quad$ 最小化 $\quad v = 4\pi_1 + 6\pi_2$

$\quad$ 制約条件 $\quad \pi_1 + \pi_2 \geq 2$

$\qquad\qquad\qquad \pi_1 + 2\pi_2 \geq 3$

$\qquad\qquad\qquad \pi_1 \qquad\quad \geq 0$

$\qquad\qquad\qquad\quad\ \pi_2 \geq 0$

双対問題(D)の双対問題を導くために，(D)を標準形 LP 問題に書き直す。3.2節で述べたように

3. 線形計画法

$\pi_i = \pi_i^+ - \pi_i^-,\ \pi_i^+,\ \pi_i^- \geq 0,\ i=1,\ \cdots,\ m$
とおき，スラック変数 $\pi_j' \geq 0,\ j=1,\ \cdots,\ n$，を導入すれば

最大化 　　$-v = \sum_{i=1}^{m}(-b_i)(\pi_i^+ - \pi_i^-)$

制約条件 　　$\sum_{i=1}^{m} a_{ij}(\pi_i^+ - \pi_i^-) - \pi_j' = c_j,\ j=1,\ \cdots,\ n$

　　　　　　$\pi_i^+,\ \pi_i^- \geq 0,\ i=1,\ \cdots,\ m,\ \pi_j' \geq 0,\ j=1,\ \cdots,\ n$

である．整理すれば

最大化　　　$-v = \sum_{i=1}^{m}(-b_i)\pi_i^+ + \sum_{i=1}^{m} b_i \pi_i^- + \sum_{j=1}^{n} 0 \cdot \pi_j'$

制約条件　　$\sum_{i=1}^{m}(-a_{ij})\pi_i^+ + \sum_{i=1}^{m} a_{ij}\pi_i^- + \pi_j' = -c_j,\ j=1,\ \cdots,\ n$

　　　　　　$\pi_i^+,\ \pi_i^- \geq 0,\ i=1,\ \cdots,\ m,\ \pi_j' \geq 0,\ j=1,\ \cdots,\ n$

である．ここで

$$\boldsymbol{\pi}^+ = \begin{pmatrix} \pi_1^+ \\ \vdots \\ \pi_m^+ \end{pmatrix},\ \boldsymbol{\pi}^- = \begin{pmatrix} \pi_1^- \\ \vdots \\ \pi_m^- \end{pmatrix},\ \boldsymbol{\pi}' = \begin{pmatrix} \pi_1' \\ \vdots \\ \pi_n' \end{pmatrix}$$

とおけばつぎのようになる．

問題 3.9

最大化　　　$-v = (-\boldsymbol{b}^T \quad \boldsymbol{b}^T \quad \boldsymbol{0}^T) \begin{pmatrix} \boldsymbol{\pi}^+ \\ \boldsymbol{\pi}^- \\ \boldsymbol{\pi}' \end{pmatrix}$

制約条件　　$(-\boldsymbol{A}^T \quad \boldsymbol{A}^T \quad \boldsymbol{I}) \begin{pmatrix} \boldsymbol{\pi}^+ \\ \boldsymbol{\pi}^- \\ \boldsymbol{\pi}' \end{pmatrix} = -\boldsymbol{c}^T,\ \begin{pmatrix} \boldsymbol{\pi}^+ \\ \boldsymbol{\pi}^- \\ \boldsymbol{\pi}' \end{pmatrix} \geq 0$

これにより標準形 LP 問題を得る．したがって，この双対問題は双対変数 $\boldsymbol{\xi} = (\xi_1,\ \cdots,\ \xi_n)$ にたいして，[問題 3.8] より

最小化　　　$-z = \boldsymbol{\xi}(-\boldsymbol{c}^T)$

制約条件　　$\boldsymbol{\xi}(-\boldsymbol{A}^T \quad \boldsymbol{A}^T \quad \boldsymbol{I}) \geq (-\boldsymbol{b}^T \quad \boldsymbol{b}^T \quad \boldsymbol{0}^T)$

すなわち

3.7 双対定理

最小化 　　　$-z = -c\xi^T$

制約条件 　　$A\xi^T = b, \ \xi^T \geq 0$

であり，$\xi^T = x$ とおけばつぎのようになる．

問題 3.10 双対問題(D)の双対問題

最大化 　　　$z = cx$

制約条件 　　$Ax = b, \ x \geq 0$

したがって，双対問題の双対は主問題である．ゆえに，（i）の逆である

（i）′ 双対問題が最適解を持てば主問題も最適解を持ち，$v^* = z^*$ である．

がなりたつ．

（P）および（D）の任意の実行可能解 $x \geq 0, \ \pi$ にたいして，式(3.75)より $\pi b = \pi A x \geq cx$ であり

$$\pi b \geq cx \tag{3.77}$$

である．したがって，主問題（P）が非有界ならば，式(3.77)右辺が $+\infty$ へ発散し，双対問題（D）は不能である．同様に，双対問題（D）が非有界ならば（P）は不能である．

以上をまとめれば，つぎの定理を得る．

定理 3.2 双対定理（duality theorem）

以下の（i）〜（iv）のどれかが成立する．

（i） 主問題，双対問題は共に最適解を持ち，$z^* = v^*$ がなりたつ．

（ii） 主問題が非有界で，双対問題が不能である．

（iii） 双対問題が非有界で，主問題が不能である．

（iv） 主問題，双対問題共に不能である．

（iv）の例としては，例えばつぎのようである．

（P） 最大化 　　$2x_1 - x_2$

　　　制約条件 　$x_1 - x_2 = 1$

　　　　　　　　$x_1 - x_2 = 2$

$$x_1,\ x_2 \geq 0$$

(D) 最小化 　　$\pi_1 + 2\pi_2$

　　　制約条件　$\pi_1 + \pi_2 \geq 2$

　　　　　　　$-\pi_1 - \pi_2 \geq -1$

双対定理(ⅰ)に関してつぎの定理がなりたつ．

定理 3.3

$\boldsymbol{x}^*,\ \boldsymbol{\pi}^*$ がおのおの(P)，(D)の最適解となるための必要十分条件は

(ⅰ)　$\boldsymbol{A}\boldsymbol{x}^* = \boldsymbol{b},\ \boldsymbol{x}^* \geq \boldsymbol{0}$　　　　　　（主実行可能性条件）

(ⅱ)　$\boldsymbol{\pi}^*\boldsymbol{A} \geq \boldsymbol{c}$　　　　　　　　　（双対実行可能性条件）

(ⅲ)　$(\boldsymbol{\pi}^*\boldsymbol{A} - \boldsymbol{c})\boldsymbol{x}^* = 0$　　　　　（相補スラック条件）

(証明)　$\boldsymbol{x}^*,\ \boldsymbol{\pi}^*$ が最適解であれば制約条件より(ⅰ)，(ⅱ)が成立し，双対定理(ⅰ)より $(\boldsymbol{\pi}^*\boldsymbol{A} - \boldsymbol{c})\boldsymbol{x}^* = \boldsymbol{\pi}^*\boldsymbol{A}\boldsymbol{x}^* - \boldsymbol{c}\boldsymbol{x}^* = \boldsymbol{\pi}^*\boldsymbol{b} - \boldsymbol{c}\boldsymbol{x}^* = v^* - z^* = 0$ となり，(ⅲ)がなりたつ．逆に(ⅰ)〜(ⅲ)がなりたてば，上と同様に $\boldsymbol{\pi}^*\boldsymbol{b} = \boldsymbol{c}\boldsymbol{x}^*$ がなりたつ．したがって，式(3.77)より，(P)，(D)の任意の実行可能解 $\boldsymbol{x},\ \boldsymbol{\pi}$ にたいして

$$\boldsymbol{\pi}\boldsymbol{b} \geq \boldsymbol{c}\boldsymbol{x}^* = \boldsymbol{\pi}^*\boldsymbol{b},\ \boldsymbol{c}\boldsymbol{x}^* = \boldsymbol{\pi}^*\boldsymbol{b} \geq \boldsymbol{c}\boldsymbol{x}$$

がなりたち，$\boldsymbol{x}^*,\ \boldsymbol{\pi}^*$ は(P)，(D)の最適解である．

(ⅰ)は**主実行可能性条件**，(ⅱ)は**双対実行可能性条件**であり，(ⅲ)は**相補スラック条件** (complementary slackness condition) と呼ばれる．

主問題(P)において，資源制約形 LP 問題（問題 1.1）同様

a_{ij}：製品 j，$j = 1, \cdots, n$，を単位量生産するのに要する資源 i，$i = 1, \cdots, m$，の量

b_i：資源 i の利用可能量

x_j：製品 j の生産量

とおき，最大にすべき目的関数を総売上とおく．すなわち

c_j：製品 j の単位量当り販売価格

である．このとき双対定理(ⅰ)より，双対変数 π_i，$i = 1, \cdots, m$ にたいして

$$z^* = c_B B^{-1} b = v^* = \pi^* b = \sum_{i=1}^{m} b_i \pi_i^*$$

である．したがって，$b_i > 0$ のとき $\frac{\partial}{\partial b_i} z^* = \pi_i^*$ であり，π_i^* は資源 i の単位量当り総売上増加率を表し，資源 i の潜在価格に相当する．また，$\pi^* = c_B B^{-1}$ より $\pi^* B = c_B$，すなわち

$$\sum_{i=1}^{m} a_{ij} \pi_i^* = c_j$$

であり，生産される製品 j の価格 c_j は使用した資源の価格から決定され，π_i^* は資源 i の単位量当り価格と考えることができる．これがシンプレックス乗数を価格あるいは潜在価格と呼ぶ理由である．

主問題として，資源制約形 LP 問題（問題 3.1）を考える．すなわち

[問題] **3.11 資源制約形 LP 問題**

(P′)　最大化　　　$z = cx$

　　　制約条件　　$Ax \leq b, \; x \geq 0$

スラック変数 $x' = \begin{pmatrix} x_1' \\ \vdots \\ x_m' \end{pmatrix} \geq 0$ を導入し，標準形に直せば

最大化　　　$z = cx = (c \;\; 0)\begin{pmatrix} x \\ x' \end{pmatrix}$

制約条件　　$Ax + Ix = b$, すなわち $(A \;\; I)\begin{pmatrix} x \\ x' \end{pmatrix} = b$

$$x, \; x' \geq 0, \text{ すなわち } \begin{pmatrix} x \\ x' \end{pmatrix} \geq 0$$

である．したがって，[問題 3.8] より双対問題は

最小化　　　$v = \pi b$

制約条件　　$\pi(A \;\; I) \geq (c \;\; 0)$

となり,整理すればつぎのようになる。

問題 3.12 資源制約形 LP 問題の双対問題

(D′)　最小化　　　$v = \pi b$

　　　制約条件　　$\pi A \geq c, \ \pi \geq 0$

すなわち

(D′)　最小化　　　$v = \sum_{i=1}^{m} b_i \pi_i$

　　　制約条件　　$\sum_{i=1}^{m} a_{ij}\pi_i \geq c_j, \ j = 1, \cdots, n$

　　　　　　　　$\pi_i \geq 0, \ i = 1, \cdots, m$

双対問題の双対を導くために,(D′)を(P′)の形式に変換すれば

　　最大化　　　$(-v) = (-b^T)\pi^T$

　　制約条件　　$(-A^T)\pi^T \leq (-c^T), \ \pi^T \geq 0$

である。したがって,その双対問題は[問題3.12]より双対変数 ξ を用いて

　　最小化　　　$-z = \xi(-c^T)$

　　制約条件　　$\xi(-A^T) \geq (-b^T), \ \xi \geq 0$

である。整理すれば

　　最大化　　　$z = c\xi^T$

　　制約条件　　$A\xi^T \leq b, \ \xi^T \geq 0$

であり,$\xi^T = x$ とおけば主問題(P′)である。したがって,双対問題(D′)の双対は主問題(P′)である。

問題(P′),(D′)にたいしても双対定理の[定理3.2]が成立する。問題(P′),(D′)がたがいに**対称**(symmetric)であるため,この場合の双対定理を特に,**対称双対定理**(symmetric duality theorem)と呼ぶことがある。さらに,[定理3.3]に対応してつぎの定理がなりたつ。

定理 3.4

x^*, π^* がおのおの(P′),(D′)の最適解となるための必要十分条件は

（ⅰ） $Ax^* \leq b, \quad x^* \geq 0$ 　　　　　　　　（主実行可能性条件）

（ⅱ） $\pi^* A \geq c, \quad \pi^* \geq 0$ 　　　　　　　　（双対実行可能性条件）

（ⅲ） $\pi^*(Ax^* - b) = 0, \ (\pi^* A - c)x^* = 0$ 　（相補スラック条件）

である。

1.2.3項の栄養問題を考える。[問題1.4]は[問題3.12]双対問題(D′)の形をしており，(D′)において

a_{ij}：食品iの単位量当りの栄養素jの含有量

b_i：食品iの単位量当り価格

c_j：栄養素jの必要最低量

π_i：食品iの購入量

である。したがって，対応する主問題(P′)はつぎのようになる。

[問題] **3.13 栄養剤の価格決定問題**

最大化　　　$z = \sum_{j=1}^{n} c_j x_j$

制約条件　　$\sum_{i=1}^{m} a_{ij} x_j \leq b_i, \ i=1, \cdots, m$ 　　　　　(3.78)

　　　　　　$x_j \geq 0, \ j=1, \cdots, n$

この問題は，各栄養素jを単位量ずつ含む栄養剤を生産する製薬会社が，必要最低量を栄養剤からとるときの総売上を最大化する，各栄養剤jの販売価格x_jを決定する問題である。ここで，食品iが含む栄養素を栄養剤から取るときの総価格は，食品iの価格を上回ってはならず，式(3.78)である。というのは，式(3.78)がなりたたなければ，消費者は栄養剤の代わりに食品iを購入するからである。

3.8 感度分析と双対単体法

[例題1.1]から[問題1.7]に示したように，数多くの実際問題がLP問題として定式化され，最適な決定を求めるために日々数え切れないLP問題が解

例えば，ある工場である期間 t の生産計画を決定するために，[問題1.1] の生産計画問題を解き，製品 $j = 1, \cdots, n$ にたいする最適生産量 x_j^*，最大利得 z^* を得たものとしよう。

しかし，次期 $(t+1)$ では係数 a_{ij}, b_i, c_j, $i = 1, \cdots, m$, $j = 1, \cdots, n$，のいくつかの要素が $\hat{a}_{ij}$, $\hat{b}_i$, $\hat{c}_j$ に変化しているであろう。また，新しい製品 $(n+1)$ が追加されているかもしれず，新しい資源 $(m+1)$ を考慮しなければならないかもしれない。

このとき $(t+1)$ 期の最適解を新たに [問題1.1] を解くことなく，得られている t 期の最適解と基底逆行列を最大限に利用して求める手法を**感度分析** (sensitivity analysis) と呼んでいる。

実際問題においては，係数の値がすべて正確に与えられることはまれであり，多くの場合なんらかの誤差を含んでいる。また，ある係数の値を工程の改善や交渉などで変えることもできる。感度分析は，このような場合にも有効であり，係数の変化にたいする現在の最適解の安定性や，どの工程の改善が最も効果的かなどを知ることができる。

このように，感度分析は実際上きわめて有効であり，内点法にはない単体法の最重要な利点の1つである。この章では簡単のため，標準形 LP 問題（問題3.6）におけるつぎの2つの場合

1) 目的関数の係数ベクトル c が $\hat{c} = c + \Delta c$ と変化した場合
2) 右辺の定数ベクトル b が $\hat{b} = b + \Delta b$ と変化した場合

にたいする感度分析を説明する。他の場合にたいする感度分析も同様に導くことができる。

3.8.1 目的関数の係数が変化した場合

c が $\hat{c} = c + \Delta c$ と変化した場合，実行可能性条件(3.73)は c を含まず不変である。

一方，最適性条件(3.74)は，得られているリデュースドコスト(3.66)を用いて

$$\hat{c}_B B^{-1} N - \hat{c}_N = (c_B + \Delta c_B) B^{-1} N - (c_N + \Delta c_N)$$
$$= (c_B B^{-1} N - c_N) + \Delta c_B B^{-1} N - \Delta c_N$$
$$= \bar{c}_N + \Delta c_B (a_{j(m+1)}', \cdots, a_{j(n)}') - \Delta c_N \geq 0 \quad (3.79)$$

と表すことができる。

したがって,すべての $j \in J_N$ にたいして

$$\bar{c}_j \geq \Delta c_j - \Delta c_B a_j' \tag{3.80}$$

がなりたてば,現在の基底はそのまま最適である。すなわち最適解 $\hat{z}^*$, $\hat{x}^*$ は現在の最適解(3.71)を用いて

$$\hat{z}^* = \hat{c}_B B^{-1} b = (c_B + \Delta c_B) B^{-1} b = z^* + \Delta c_B x_B^* \tag{3.81}$$

$$\hat{x}_B^* = B^{-1} b = x_B^*, \quad \hat{x}_N^* = 0 \tag{3.82}$$

で与えられる。

一方,式(3.80)がなりたたない $j \in J_N$ が存在すれば,改訂単体法(3.70)のステップ3を

③ $\bar{c}_s = \min\{\bar{c}_j - \Delta c_j + \Delta c_B a_j' ; j \in J_N\}$ となる s を求める。

でおきかえ,改訂単体法のステップ4以後を続ければよい。

3.8.2 右辺の定数が変化した場合

b が $\hat{b} = b + \Delta b$ と変化した場合,最適性条件(3.74)は b を含まず不変であり,現在のリデュースドコスト $\bar{c}_j \geq 0$, $j \in J_N$ である。一方,実行可能性条件(3.73)は

$$B^{-1} \hat{b} = B^{-1}(b + \Delta b) = x_B^* + B^{-1} \Delta b \geq 0 \tag{3.83}$$

となる。

したがってこの条件がなりたてば,最適解 $\hat{z}^*$, $\hat{x}^*$ は現在のシンプレックス乗数(3.65)を用いて

$$\hat{z}^* = c_B B^{-1} \hat{b} = \pi b + \pi \Delta b = z^* + \pi \Delta b \tag{3.84}$$

$$\hat{x}_B^* = B^{-1} \hat{b} = x_B^* + B^{-1} \Delta b, \quad \hat{x}_N^* = 0 \tag{3.85}$$

で与えられる。

一方,式(3.83)がなりたたなければ,現在の基底は実行不能となる。すなわち,最適性条件を満たすが,実行可能性条件を満たさない基底解が得られたこ

とになる。

　これまで述べてきた単体法と改訂単体法では，つねに実行可能性条件を満たしながら，最適性条件が満たされるように基底解を改善し，最適解を得た。しかし逆に，つねに最適性条件を満たしながら，実行可能性条件が満たされるように基底解を改善し，最適解を得る単体法を考えることができる。

　最適性条件は，双対問題にたいする実行可能性条件であるから，この単体法は双対問題に単体法を適用したものと考えることができ，**双対単体法**（dual simplex method）と呼ばれている。したがって，式(3.83)が成り立たなければ，その基底解から双対単体法を始めることができ，$\hat{b}$ にたいする最適解を得ることができる。

3.8.3 双対単体法

　上に述べたように，双対単体法はつねに最適性条件を満たしながら，実行可能性条件が満たされるようにピボットを選び，基底解を改善する。したがって，現在の基底解は式(3.61)〜(3.66)から

$$x_{j(i)} = b_i' - \sum_{j \in J_N} a_{ij}' x_j, \ i = 1, \cdots, m \tag{3.86}$$

$$z = z' - \sum_{j \in J_N} \bar{c}_j x_j \tag{3.87}$$

である。ここで，現在の基底解が最適性条件を満たすことから $\bar{c}_j \geq 0,\ j \in J_N$ であり，実行可能性条件は満たされず，ある $i = 1, \cdots, m$ にたいして $b_i' < 0$ である。ゆえに，最も実行可能性条件（非負条件）を満たしていない

$$b_r' = \min\{b_i'\ ;\ b_i' < 0,\ i = 1, \cdots, m\}$$

で定まる r 行をピボット行に選ぶ。このとき，もしすべての $j \in J_N$ にたいして $a_{rj}' \geq 0$ ならば，式(3.86)から

$$x_{j(r)} = b_r' - \sum_{j \in J_N} a_{rj}' x_j \leq b_r' < 0$$

であり，非負条件を満足できず，問題は不能である。さもなければ，$a_{rs}' < 0$ となる x_s を r 行の基底変数にとれば，式(3.86)より

$$x_s = \frac{b_r'}{a_{rs}'} - \frac{1}{a_{rs}'} x_{j(r)} - \sum_{j \neq s} \frac{a_{rj}'}{a_{rs}'} x_j \tag{3.88}$$

となり，基底解は $x_s = \dfrac{b_r'}{a_{rs}'} > 0$ となって非負条件を満足する。そして，この式を式(3.87)に代入すれば

$$z = z' - \bar{c}_s\left\{\frac{b_r'}{a_{rs}'} - \frac{1}{a_{rs}'}x_{j(r)} - \sum_{j \neq s}\frac{a_{rj}'}{a_{rs}'}x_j\right\} - \sum_{j \neq s}\bar{c}_j x_j$$

$$= z' - \bar{c}_s\frac{b_r'}{a_{rs}'} - \left(-\frac{\bar{c}_s}{a_{rs}'}\right)x_{j(r)} - \sum_{j \neq s}\left(\bar{c}_j - \frac{a_{rj}'}{a_{rs}'}\bar{c}_s\right)x_j \tag{3.89}$$

である。ゆえに，最適性条件を満たすためには $x_{j(r)}$ の係数 $\left(-\dfrac{\bar{c}_s}{a_{rs}'}\right) \geq 0$ だから

$$\bar{c}_j \geq \frac{a_{rj}'}{a_{rs}'}\bar{c}_s, \quad j(\neq s) \in J_N \tag{3.90}$$

を満たさなければならない。

式(3.90)は $a_{rj}' \geq 0$ ならば成立する。一方，$a_{rj}' < 0$ ならば式(3.90)は

$$\frac{\bar{c}_s}{a_{rs}'} \geq \frac{\bar{c}_j}{a_{rj}'}$$

である。すなわち，ピボット列 s として

$$\frac{\bar{c}_s}{a_{rs}'} = \max\left\{\frac{\bar{c}_j}{a_{rj}'}\, ;\, a_{rj}' < 0,\ j \in J_N\right\}$$

で定まる s をとれば，つねに最適性条件(3.90)が満たされることになる。

以上を改訂単体法(3.70)と同様に表せば，双対単体法を得る。

［双対単体法］ (3.91)

① すべての $j \in J_N$ にたいして，$\bar{c}_j \geq 0$ を満たす初期基底解と基底逆行列 $\boldsymbol{B}^{-1}$ を求める。

② $\boldsymbol{b}' = \boldsymbol{B}^{-1}\boldsymbol{b} = \begin{pmatrix} b_1' \\ \vdots \\ b_m' \end{pmatrix}$ を計算し，すべての $i = 1, \cdots, m$ にたいして，$b_i' \geq 0$ ならば現在の基底解は最適である。最適解は式(3.71)で与えられる。

③ $b_r' = \min\{b_i'\, ;\, b_i' < 0,\ i = 1, \cdots, m\}$ となる r を定める。

④ すべての $j \in J_N$ にたいして $\boldsymbol{a}_j' = \boldsymbol{B}^{-1}\boldsymbol{a}_j = \begin{pmatrix} a_{1j}' \\ \vdots \\ a_{mj}' \end{pmatrix}$ を計算し，$a_{rj}' \geq 0$

ならば不能である。

⑤ $\boldsymbol{\pi} = \boldsymbol{c}_B \boldsymbol{B}^{-1}$，$\bar{c}_j = \boldsymbol{\pi} \boldsymbol{a}_j - c_j \, (j \in J_N)$ を計算し

$$\frac{\bar{c}_s}{a_{rs}'} = \max\left\{\frac{\bar{c}_j}{a_{rj}'} \, ; \, a_{rj}' < 0, \, j \in J_N\right\}$$

となる s を定める。

⑥ $\boldsymbol{\eta}_s = \begin{pmatrix} -a_{1s}'/a_{rs}' \\ \vdots \\ -a_{r-1s}'/a_{rs}' \\ 1/a_{rs}' \\ -a_{r+1s}'/a_{rs}' \\ \vdots \\ -a_{ms}'/a_{rs}' \end{pmatrix}$，$\boldsymbol{E} = (\boldsymbol{e}_1, \cdots, \boldsymbol{e}_{r-1}, \boldsymbol{\eta}_s, \boldsymbol{e}_{r+1}, \cdots, \boldsymbol{e}_m)$

を求め，$\bar{\boldsymbol{B}}^{-1} = \boldsymbol{E}\boldsymbol{B}^{-1}$ を計算し，$J_B = \{j(1), \cdots, j(r-1), s, j(r+1), \cdots, j(m)\}$，$\boldsymbol{B}^{-1} = \bar{\boldsymbol{B}}^{-1}$ とおいてステップ 2 へ。

3.9 ソルバーによる解法

ソルバーによって，一般的な LP 問題（問題 1.2）を解く手順を説明する。

3.9.1 ソルバーの使用方法

ソルバーの実行手順は，つぎのとおりである。

① 問題の目的関数と制約条件の係数を Excel のシートに書く。
② 同じシートに，それらの係数を使った目的関数と制約式を書く。
③ ツールバーからソルバーを起動する。
④ 目的関数，制約条件，変数それぞれの値を表示するセルを，ソルバーのダイアログボックスに入力する。

⑤ ［実行］ボタンをクリックして実行する。

これらの手順を以下に説明する。

3.9.2 データ入力

1.2 節に示した［例題 1.1］，あるいは［例題 3.1］を用いて説明する。まず，係数を**図 3.13** の上半分のように入力する。入力する位置や方向は任意であるが，読みやすいように表示することが大切である。

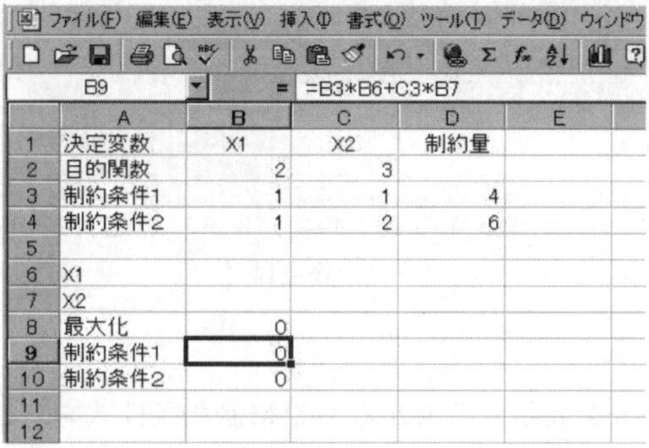

	A	B	C	D	E
1	決定変数	X1	X2	制約量	
2	目的関数	2	3		
3	制約条件1	1	1	4	
4	制約条件2	1	2	6	
5					
6	X1				
7	X2				
8	最大化	0			
9	制約条件1	0			
10	制約条件2	0			
11					
12					

図 3.13　ソルバーへのデータ入力

つぎに，変数，目的関数および制約式の値を表示する場所を決め，そこに目的関数と制約条件の式を書き込む。この例では，図のセル B 6 と B 7 に変数の値を，B 8 に目的関数値を，B 9 と B 10 に制約条件の値を入れることにする。

図の「数式バー」には制約条件 1 の計算式が表示されているが，この計算式は，制約条件 1 の係数の入っているセルと，変数の値を表示するセルを用いて表現される。同様の方法で，目的関数と他の制約条件の計算式を記述する。

変数や制約条件式の数が大きくなると，データの入力作業が困難になるので，その場合は，自動入力できるようなプログラムを VBA で作成するのが望ましい。

3.9.3 ソルバーの起動と設定

ソルバーを

「メニューバーの［ツール（T）］」→［ソルバー（V）］

の手順で起動すると，**図 3.14** に示すような「ソルバー：パラメータ設定」ダ

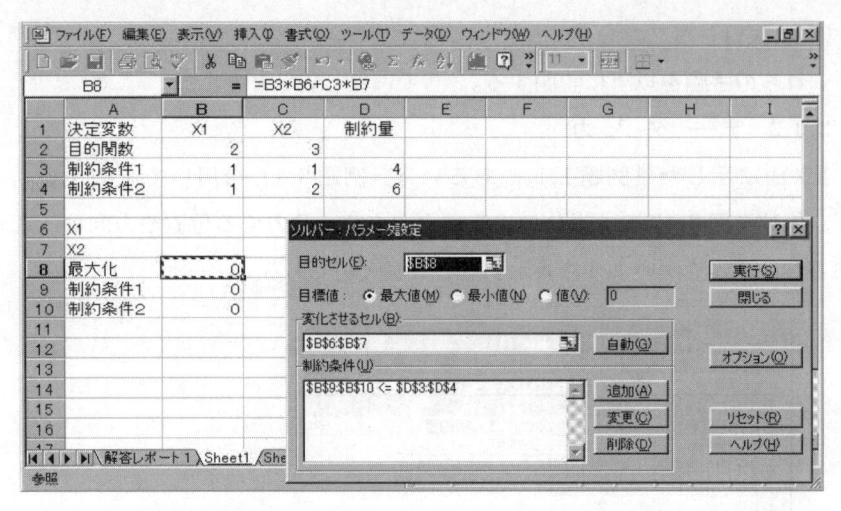

図 3.14 ソルバー：パラメータの設定画面

イアログボックスが表示される。

ここで，変数と目的関数の値を表示するセルならびに制約条件式を，以下の要領で入力する。

① 目的セル (E)：目的関数のセルを表示するダイアログボックスをクリックし，目的関数値を表示するワークシートのセルをクリックする。

② 目標値：最大化か最小化かを選択する。ここでの例題は，最大化問題なので［最大値 (M)］を選択する。

③ 変化させるセル (B)：変数の値を表示するセルをドラッグして入力する。

④ 制約条件 (U)：このダイアログボックスをクリックした後，［追加 (A)］ボタンをクリックすると，制約条件を入力するためのダイアログボックスが表示される（**図 3.15**）。

　　ここでの制約条件は 2 つとも不等号の向きが同じなので，ドラッグして 2 つの制約条件を同時に入力することができる。［OK］ボタンをクリックすると，図 3.14 の画面に戻る。不等号の違った制約条件がある場合は，再び［追加 (A)］ボタンをクリックして入力する。

3.9 ソルバーによる解法

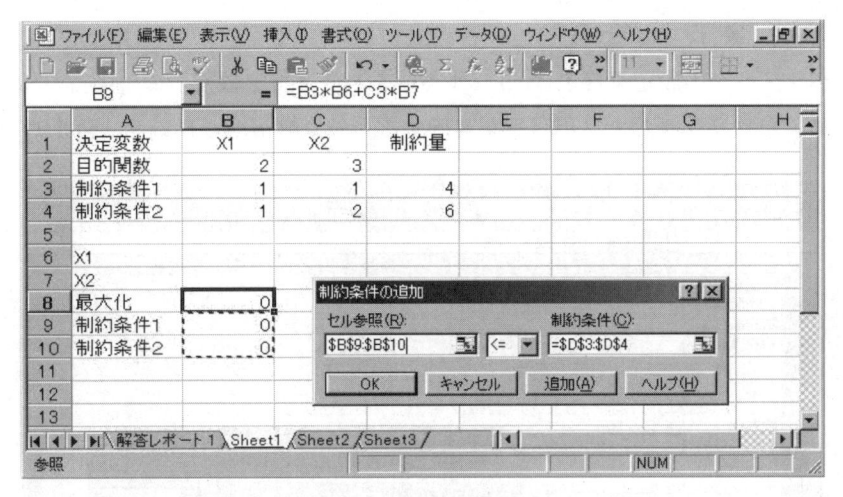

図 3.15 制約条件の設定画面

⑤ 非負条件：変数の値の非負条件は，制約条件として設定することもできるが，「ソルバー：パラメータ設定」ダイアログボックスの［オプション(O)］ボタンをクリックすると表示される，ダイアログボックス（図3.16）の中で設定するほうが計算効率はよい。

図 3.16 ソルバー：オプション設定画面

［線形モデルで計算 (M)］と［非負数を仮定する (G)］を選択して［OK］をクリックする。なお，このダイアログボックスの中で計算時間や反復回数の上限など，計算処理の条件も設定できる。

3.9.4 実 行 と 結 果

パラメータの設定を終了後,「ソルバー:パラメータ設定」の [実行 (S)] ボタンをクリックしてソルバーを実行する。最適解が得られると, 図 3.17 の

図 3.17 ソルバーによる探索結果

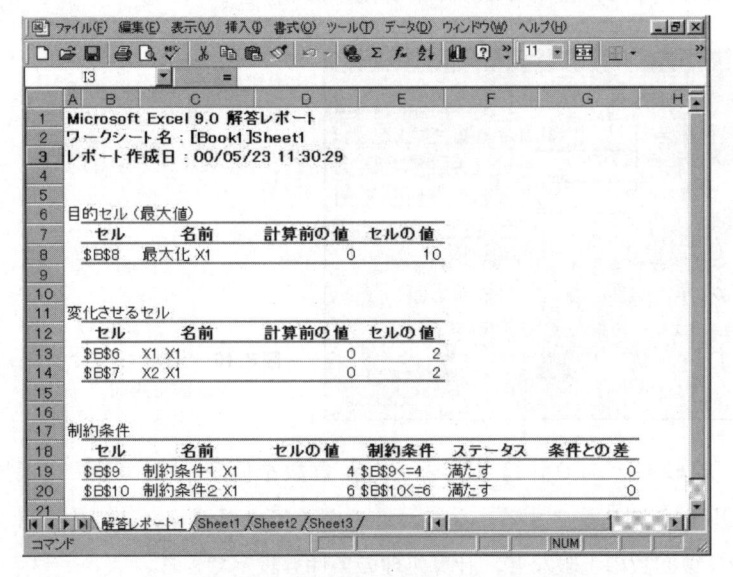

図 3.18 探索結果の解答レポート

「ソルバー：探索結果」ダイアログボックスが表示され，ワークシートには変数値，目的関数値および制約条件の（左辺の）値が表示される．

解のより詳しいレポートは，[レポート (R)] の「解答」，「感度分析」，「条件」を選択すれば表示される．これらは，それぞれに新しいワークシートが作られ，その中に記入される．

図 3.18 は，この節の例に対する「解答」レポートである．

3.9.5 線形計画問題に対するソルバーの能力

ソルバーを実務で使用することを考えている読者にとって，ソルバーでどの程度の問題規模が解けるかは興味のあるところであろう．

変数は最大 200 個まで指定できる．また制約条件は，[ソルバー] → [オプション設定] ダイアログボックスの [線形モデルで計算] チェックボックスがオンの場合，すなわち線形の場合は制限なし（メモリ 128 MB での筆者らの実験によると，少なくとも 2000 までは問題とならなかった），オフの場合，すなわち非線形の場合は最大 100 個までとなっている．

計算速度に関しては，95 変数×100 制約程度の問題ならば，なんの障害もなく 1 秒前後（Pentium III 733 MHz）で簡単に解くことができる．

4. 動的計画法

4.1 はじめに

動的計画法 (dynamic programming, 略して DP) は，1950年代初期から R. Bellman[4),5)]によって開発され，資源配分問題，最短経路問題に始まり，最適制御問題，多段決定過程，さらには在庫管理，信頼性・保全性，待ち行列システムの最適化等々，広範な領域の最適化問題へ応用されてきた最適化手法である。

特に，待ち行列などの確率的変動が無視できないシステムにたいする，最適制御則のアルゴリズムを論ずる分野は，**マルコフ決定過程** (Markov decision process)[4),29)]と呼ばれ，DP の一分野ではあるものの，独自の発展をとげている。

DP の本質を端的に述べれば，二つの原理，すなわち不変埋込みの原理と最適性の原理を用いて，多変数最適化問題を1変数最適化問題の反復として解くことにあるといえよう。このように DP は，不変埋込みと最適性の原理を基礎原理としており，解かなければならない問題が明確に規定されている，LP をはじめとする他の最適化手法とは著しくおもむきを異にしている。

本章では，まず 4.2 節で最短経路問題（問題 1.5）を取り上げ，基礎原理の適用を説明し，DP による解法を述べる。次いで 4.3 節で，所要時間が非負†の場合にたいするダイクストラ法を導き，負の所要時間も許す全都市間の最短

---

† 所要時間の非負性は仮定するまでもないと思われるであろうが，最短経路問題は多くの最適化問題の定式化で部分問題として表れ，この場合に非負性は必ずしも保証されない。

経路を求めるワーシャル・フロイド法を述べる。4.4 節ではその VBA プログラムを説明し，4.5 節で離散時間制御問題（問題 1.14）を含む DP の代表的問題として，多段決定過程（問題 1.15）にたいする DP アルゴリズムを説明する。

他の応用については，文献 5)，33)，57) を，また確率システムの最適制御則を与えるマルコフ決定過程については，文献 6)，29)，62)，68) を参考にされたい。また，DP の高速解法として微分動的計画法[59),60)]が知られている。

4.2 最短経路問題

1.2 節では［例題 1.2］として最短経路問題を取り上げ，［問題 1.5］として定式化し，LP の単体法を用いて解けることを述べた。この節では最短経路問題，すなわち「ネットワーク (N, A) において，点 1 から j, $j = 2, \cdots, n$ へ行く最短経路を求める問題」を解く DP による解法を説明する。ただしこの節では，簡単のため $(i, j) \notin A$，すなわち i から j へ直接行けない場合には $c_{ij} = \infty$ とおくことにする。

まず，求める点 1 から j, $j = 2, \cdots, n$ への最短時間を $f(j)$，その最短経路を $S(j) = \{1, i_1^*, \cdots, i_m^* = j\}$ とおく。このとき $k = 1, 2, \cdots$ にたいして，たかだか k ステップで 1 から j へ行く最短時間を $f_k(j)$，その最短経路を $S_k(j)$ とおけば，もとの問題の最短時間はステップ数に制限がなく，$f(j) = f_\infty(j)$ である。

このように，原問題 $\{f_\infty(j), j = 2, \cdots, n\}$ を含む部分問題群 $\{f_k(j), j = 2, \cdots, n, k = 1, 2, \cdots\}$ を考えることを，「原問題を部分問題群に埋め込む」という意味で**不変埋込みの原理**（principle of invariant imbedding）と呼び，DP に特徴的な考え方（第 1 原理）である。

［第 1 原理：**不変埋込みの原理**］ (4.1)
　解くべき原問題を部分問題として含む部分問題群を考え，原問題をそこへ埋め込む。

このようにして得られた部分問題群にたいし，その部分問題間の関係式を生みだすのが，DPの基本原理となる**最適性の原理**（principle of optimality）である．

[第2（基本）原理：**最適性の原理**〔文献4)p.83〕]　　　　　　　　　　(4.2)

　最適政策は，「最初の状態と決定がなんであれ，残りの決定は最初の決定から生じた状態に関して最適政策を構成しなければならない」という性質を持つ．

最適性の原理は，このように最適政策（最適解）の持つ望ましい性質を文章として述べたものであり，その対象となる問題の領域，限界もなんら示されていない．このことがDPの理論的基盤の不確かさにつながり，その一方で適用範囲の広さを生みだしている．[†]

まず，点1からjへ1ステップで行く最短時間はc_{1j}であり

$$f_1(j) = c_{1j}, \quad j = 2, \cdots, n \tag{4.3}$$

がなりたつ．このとき，$f_2(j)$が$\{f_1(j), j = 2, \cdots, n\}$を用いて表せれば，$\{f_2(j), j = 2, \cdots, n\}$が計算でき，一般に$f_k(j)$が$\{f_{k-1}(j), j = 2, \cdots, n\}$を用いて表せれば，$\{f_k(j), j = 2, \cdots, n\}$が計算できる．この$f_k(j)$と$\{f_{k-1}(j), j = 2, \cdots, n\}$との関係式を導くのが最適性の原理である．

最適性の原理の適用を説明するために，たかだかkステップで点1からjへ最短時間$f_k(j)$で行くことを考える．最後の1ステップを点iからjへ入ったものとする．すなわち，最初の決定が「点iからjへ行く」であれば，最初の決定から生じた状態は「たかだか$(k-1)$ステップで点1からiへ最短時間で行く」であり，残りの決定はその状態に関して最適政策を構成しなければならず，その所要時間は$f_{k-1}(i)$となる．すなわち，最後の1ステップを点iからjへ入ったときの所要時間は$\{f_{k-1}(i) + c_{ij}\}$で与えられる．$f_k(j)$はこれらを最小にするiとして実現され

[†] DP研究の初期には，証明なしに「部分問題間の関係式が，最適性の原理から導かれる」とした研究も多くみられたが，現在では「最適性の原理」によらず，証明を与えるのが普通である．この場合でも，やはりDPと呼ぶべきであろう．

$$f_k(j) = \min_{i=2,\cdots,n} \{f_{k-1}(i) + c_{ij}\}, \quad j = 2, \cdots, n, \quad k = 2, 3, \cdots \quad (4.4)$$

がなりたつ。

ここで脚注の立場に立ち，式(4.4)を証明する．$c_{jj} = 0$, $j = 2, \cdots, n$ であるから，最短経路 $S_k(j) = \{1, i_1^*, \cdots, i_{k-1}^*, i_k^* = j\}$ である．$l(<k)$ ステップで j に到達し，それが最短経路を与えれば，$i_l^* = \cdots = i_k^* = j$ ととればよい．したがって，$S_k(j)$ は $\{1, i_1, \cdots, i_{k-1}, i_k = j\}$ となる経路 $i_1, \cdots, i_{k-1}$ のうちで所要時間を最小化するものであり，$i_{k-1} = i$ を最後に最小化すれば

$$\begin{aligned}
f_k(j) &= \min_{i_1,\cdots,i_{k-1}} \{c_{1i_1} + c_{i_1 i_2} + \cdots + c_{i_{k-2} i_{k-1}} + c_{i_{k-1} j}\} \\
&= \min_i \min_{i_1,\cdots,i_{k-1}=i} \{c_{1i_1} + c_{i_1 i_2} + \cdots + c_{i_{k-2} i} + c_{ij}\} \\
&= \min_i \{\min_{i_1,\cdots,i_{k-1}=i} \{c_{1i_1} + c_{i_1 i_2} + \cdots + c_{i_{k-2} i}\} + c_{ij}\} \\
&= \min_i \{f_{k-1}(i) + c_{ij}\}
\end{aligned}$$

となり，式(4.4)を得る．

式(4.4)で最小値を与える i^* を $d_k(j)$ とおけば，$c_{jj} = 0$ であるから

$$f_k(j) = \min\{f_{k-1}(j), \min_{i \neq j}\{f_{k-1}(i) + c_{ij}\}\} \quad (4.5)$$

$$\begin{aligned}
S_k(j) &= \{1, i_1^*, \cdots, i_{k-1}^*, i_k^* = j\} \\
&= \{1, \cdots, d_k(j), j\} \\
&= \{S_{k-1}(d_k(j)), j\} \quad (4.6)
\end{aligned}$$

がなりたつ．したがってもしすべての枝の所要時間が非負，すなわちすべての $(i, j) \in A$ にたいして $c_{ij} \geq 0$ ならば，式(4.5)より $k = 2, 3, \cdots$ にたいして

$$0 \leq f_k(j) \leq f_{k-1}(j) \leq c_{1j} \quad (4.7)$$

である．単調に減少する下に有界な数列は収束するから

$$\lim_{k \to \infty} f_k(j) = f(j)$$

がなりたつ．しかし，$c_{ij} < 0$ もとりうるとすれば，ある巡回路 $\{j_1, j_2, \cdots, j_p, j_1\}$ にたいして

$$\sum_{k=1}^{p} c_{j_k j_{k+1}} < 0, \quad \text{ここで } j_{p+1} = j_1 \quad (4.8)$$

がなりたつとき，1 から j への可能な経路が $j_1, \cdots, j_p$ のどれかを含めば，巡回路を 1 周するごとに，所要時間は減少する．したがって，$k \to \infty$ のとき $f_k(j) \downarrow -\infty$ となり，最短経路は存在しないことになる．

定理 4.1 すべての枝の所要時間が非負ならば，$f_k(j)$ は $n-1$ ステップで収束し，$f_{n-1}(j) = f(j)$, $j = 2, \cdots, n$ である．

(証明) 背理法を用いて証明する．すなわち，$n-1$ ステップで収束しないと仮定して矛盾を導く．まず，仮定より $n-1$ ステップで収束していないから，$f_{n-1}(j) > f_n(j)$ となる少なくとも 1 つの j が存在する．そして，$S_n(j) = \{1, i_1^*, i_2^*, \cdots, i_n^* = j\}$ の $i_1^*, \cdots, i_n^*$ は，$(n-1)$ 個の点 2~n を通るから，同じ点を少なくとも 2 回通ることになる．そこで $i_p^* = i_{p+r}^*$ とおけば

$$f_n(j) = \{c_{1i_1^*} + c_{i_1^*i_2^*} + \cdots + c_{i_{p-1}^*i_p^*} + c_{i_{p+r}^*i_{p+r+1}^*} + \cdots + c_{i_{n-1}^*j}\}$$
$$+ \{c_{i_p^*i_{p+1}^*} + \cdots + c_{i_{p+r-1}^*i_{p+r}^*}\}$$

であり，第 1 項は点 1 から j へ $n-r$ ステップで行く経路の所要時間を表している．すなわち，第 1 項 $\geq f_{n-r}(j)$ である．したがって，式(4.7)と仮定より

$$f_n(j) \geq f_{n-r}(j) \geq f_{n-1}(j) > f_n(j)$$

がなりたち，矛盾〔$f_n(j) > f_n(j)$〕が生じる．ゆえに，$f_k(j)$ は $n-1$ ステップで収束し，$f_{n-1}(j) = f(j)$ である．

この定理から式(4.5)で $k = n$ とおけば，1 から j への最短時間 $f(j)$ にたいして

$$f(j) = \min_{i \neq j}\{f(i) + c_{ij}\}, \quad j = 2, \cdots, n \tag{4.9}$$

がなりたつ．以上をまとめれば，非負の所要時間にたいする最短経路を求めるアルゴリズムを得る．

[**DP アルゴリズム**] (4.10)

① 式(4.3)より $j = 2, \cdots, n$ にたいして $f_1(j) = c_{1j}$ を求め，$d_1(j) = 1$, $k = 2$ とおく．

② 得られている $\{f_{k-1}(i); i = 2, \cdots, n\}$ の値を用いて，式(4.5)より，$f_k(j)$, $j = 2, \cdots, n$ を計算し，$f_k(j)$ を与える i^* を $d_k(j)$ とおく．ただし，$f_k(j) = f_{k-1}(j)$ のときにはステップ数が小さいほうを優先し，$d_k(j)$

$= j$ とおく。

③ すべての j で $f_k(j) = f_{k-1}(j)$ がなりたつか,あるいは $k = n - 1$ ならば停止。最短時間は $f_k(j)$, $j = 2, \cdots, n$ で与えられ,最短経路は $\{d_l(j) ; j = 2, \cdots, n, l = 1, \cdots, k\}$ を逆にたどり,$\{j \leftarrow d_k(j) \leftarrow d_{k-1}(d_k(j)) \leftarrow \cdots \leftarrow d_2(d_3(\cdots)) \leftarrow 1\}$ として求められる。さもなければ,$k = k + 1$ とおいてステップ2へ。

DPアルゴリズムに必要な記憶容量〔**空間計算量**(space complexity)とも呼ばれる〕は,$\{f_{k-1}(j), f_k(j) ; j = 2, \cdots, n\}$ に $2(n - 1)$ 語,$\{d_2(j), \cdots, d_{n-1}(j) ; j = 2, \cdots, n\}$ に $(n - 2)(n - 1)$ 語必要であり,総計で $n(n - 1)$ 語必要である。

したがって,すべての変数が表2.1の整数型(2バイト)であれば,総計で $2n(n - 1)$ バイト必要である。また,$f_k(j)$ が単精度浮動小数点型(4バイト)であり,$d_k(j)$ が整数型であれば,総計で $2(n - 1)(n + 2)$ バイト必要となる。

一方,計算時間〔**時間計算量**(time complexity)とも呼ばれる〕は,ステップ2において式(4.5)をたかだか $(n - 2)(n - 1)$ 回計算しなければならない。そして,式(4.5)を1回計算するのに $(n - 2)$ 回の比較と加算が必要であり,全体で $(n - 2)^2(n - 1)$ 回の比較と加算が必要となる。この時間計算量は,問題の規模 n が十分大きいとき n^3 で代表され,$O(n^3)$ と表される。[†]

[例題1.2]をDPアルゴリズムを用いて解いてみる。まずステップ1で,

① $f_1(2) = 3$, $f_1(3) = 2$, $f_1(4) = 4$, $f_1(5) = \infty$, $d_1(2) = d_1(3) = d_1(4) = d_1(5) = 1$

であり,結果は**表4.1**の1行目に示されている。$k = 2$ として,ステップ2に入り

② $f_2(2) = \min\{f_1(2), \min\{f_1(3) + c_{32}, f_1(4) + c_{42}, f_1(5) + c_{52}\}\}$
   $= \min\{3, \min\{2 + 1, 4 + \infty, \infty + \infty\}\} = 3$, $d_2(2) = 2$,

---

† $O(g(n))$ はオーダ $g(n)$ と呼び,計算量 $h(n)$ が $O(g(n))$ とは,ある定数 c と整数 N が存在し,$h(n) \leq cg(n)$ がすべての $n \geq N$ でなりたつことをいう。

表 4.1 ［例題 1.2］にたいする DP アルゴリズム

j	2	3	4	5
$f_1(j)$	3(1)	2(1)	4(1)	∞(1)
$f_2(j)$	3(2)	2(3)	3(3)	5(3,4)
$f_3(j)$	3(2)	2(3)	3(4)	4(4)
$f_4(j)$	3(2)	2(3)	3(4)	4(5)

（ ）内は $d_k(j)$ を表す。

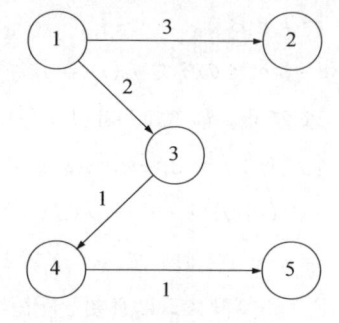

図 4.1 最短経路（例題 1.2）

$$f_2(3) = \min\{f_1(3), \min\{f_1(2) + c_{23}, f_1(4) + c_{43}, f_1(5) + c_{53}\}\}$$
$$= \min\{2, \min\{3+2, 4+1, \infty+1\}\} = 2, \quad d_2(3) = 3$$
$$f_2(4) = \min\{f_1(4), \min\{f_1(2) + c_{24}, f_1(3) + c_{34}, f_1(5) + c_{54}\}\}$$
$$= \min\{4, \min\{3+\infty, 2+1, \infty+1\}\} = 3, \quad d_2(4) = 3$$
$$f_2(5) = \min\{f_1(5), \min\{f_1(2) + c_{25}, f_1(3) + c_{35}, f_1(4) + c_{45}\}\}$$
$$= \min\{\infty, \min\{3+\infty, 2+3, 4+1\}\} = 5, \quad d_2(5) = \{3, 4\}$$

であり，表 4.1 の 2 行目を得る。ステップ 3 で $k=3$ となり，再びステップ 2 へ戻り，$\{f_2(j); j=2\sim5\}$ と同様にして $\{f_3(j); j=2\sim5\}$ が計算され，表の 3 行目が得られる。ステップ 3 で $k=4$ となり，ステップ 2 で表の 4 行目を得て，ステップ 3 で $k=4=n-1$ となり，停止する。最短時間は $f(2)=3$, $f(3)=2$, $f(4)=3$, $f(5)=4$ である。

一方，最短経路は $\{d_l(j); j=2\sim5, l=1\sim4\}$ を逆にたどり，例えば $S(5) = \{5\leftarrow4\leftarrow3\leftarrow1\}$ として求められる。まとめれば，**図 4.1** である。

4.3 ダイクストラ法とワーシャル・フロイド法

前節では，最短経路問題にたいする DP アルゴリズムを導いた。本節では前節の結果を用いて，より高速なアルゴリズムを導く。

4.3.1 ダイクストラ法

ダイクストラ法（Dijkstra method）は，1959 年 Dijkstra[13] により DP とは

独立に提案された，非負の所要時間をもつ最短経路問題を解くアルゴリズムであり，現在最も効率的なアルゴリズムとして知られている。

まず，表4.1の $\{f_1(j); j = 2\sim 5\}$ に着目すれば，このなかの最小値は $f_1(3) = 2$ である．点1から3へは2あるいは4を通る経路も考えられるが，$f_1(2) = 3$, $f_1(4) = 4$ とともに2より大きく，これらを通る経路は最短経路になりえない．すなわち，この段階で $f(3) = 2$, $S(3) = \{1, 3\}$ が確定する．

ダイクストラ法は，式(4.9)にこの性質（[定理4.2] として以下で証明される）を組み合わせたアルゴリズムである．最短時間 $f(j)$ の代わりに記号

f_j：点1から j への，現在までに得られている最短時間，$j = 2, \cdots, n$

を用い，f_j を式(4.9)を用いて改善する．すなわち，ある i で

$$f_j > f_i + c_{ij}$$

となる $(i, j) \in A$ が存在すれば

$$f_j = f_i + c_{ij}$$

と改善できる．

[**ダイクストラ法**] (4.11)

① $f_1 = 0$, $f_j = \infty$, $j = 2, \cdots, n$, $i^* = 1$, $M = \{2, \cdots, n\}$ とおく．ここで，M は最短時間が確定していない点の集合である．

② $(i^*, j) \in A$ となる $j \in M$ にたいして

$$f_j > f_{i^*} + c_{i^*j}$$

ならば $f_j = f_{i^*} + c_{i^*j}$, $d_j = i^*$ とおく．

③ $f_{i^*} = \min_{j \in M}\{f_j\}$ となる i^* を求め，$M = M - \{i^*\}$ とおく．

④ $M = \phi$（空集合）ならば停止．さもなければステップ2へ．

[定理] **4.2** ステップ3における f_j, $j \in M$, の最小値 f_{i^*} は，i^* への最短時間を与える．

（証明） ステップ2で計算される f_j, $j \in M$ は，点 j への中間点として M に属さない点の集合，すなわち M の**補集合**（compliment） $M^c = N - M$ を通る経路のなかでの最短時間を与えている．したがって，f_{i^*} を与える経路が最短でない

ものと仮定すれば，M の点を通って i^* へ至る最短時間 $f(i^*)$ と最短経路 $S(i^*)$ が存在する。

いま，この最短経路上で M^c から M へはじめて入る点を j とおけば，f_j は M^c を通る経路のなかでの最短時間を与える f_j である。したがって，$S(i^*)$ の j から i^* への経路を $j_1, j_2, \cdots, j_l$ とおけば，$c_{ij} \geq 0$ より

$$f_{i^*} > f(i^*) = f_j + c_{jj_1} + c_{j_1 j_2} + \cdots + c_{j_l i^*} \geq f_j$$

である。しかし f_{i^*} は $\{f_j, j \in M\}$ のなかの最小値であり

$$f_j \geq f_{i^*}$$

であるから，矛盾（$f_{i^*} > f_{i^*}$）が生じる。

［例題 1.2］を，ダイクストラ法を用いて解いてみる。

① $f_1 = 0$, $f_2 = \cdots = f_5 = \infty$, $i^* = 1$, $M = \{2, \cdots, 5\}$。

② $f_2 = f_1 + c_{12} = 3$, $f_3 = f_1 + c_{13} = 2$, $f_4 = f_1 + c_{14} = 4$, $d_2 = d_3 = d_4 = 1$。

③ $\min\{3, 2, 4, \infty\} = 2$, $i^* = 3$ より $f_3 = 2$ が最短時間として確定する。$M = \{2, 4, 5\} \neq \phi$ よりステップ 2 へ。

② $j = 2$ にたいして，$f_2 = 3 = f_3 + c_{32} = 2 + 1$。

$j = 4$ にたいして，$f_4 = 4 > f_3 + c_{34} = 2 + 1$ だから，$f_4 = 3$, $d_4 = 3$ と改善される。

$j = 5$ にたいして，$f_5 = \infty > f_3 + c_{35} = 2 + 3$ だから，$f_5 = 5$, $d_5 = 3$ と改善される。

③ $\min\{3, 3, 5\} = 3$, $i^* = 2$ とすれば $f_2 = 3$ が確定し，$M = \{4, 5\}$ であり，ステップ 2 へ。

② $(2, j) \in A$ となる $j \in M$ が存在しない。

③ $\min\{3, 5\} = 3$, $i^* = 4$ より $f_4 = 3$ が確定し，$M = \{5\}$ となる。

② $f_5 = 5 > f_4 + c_{45} = 3 + 1$ だから，$f_5 = 4$, $d_5 = 4$ と改善される。

③ $i^* = 5$, $M = \phi$。

④ 停止。

最終結果は $f_2 = 3$, $f_3 = 2$, $f_4 = 3$, $f_5 = 4$, $d_2 = 1$, $d_3 = 1$, $d_4 = 3$, $d_5 = 4$ であり，最短経路は図 4.1 で与えられる。

ダイクストラ法は，ステップ2，3を1回実行するごとに M の要素が1つずつ減少し，$n-1$ 回の反復で停止する。いま k 回目の反復を考え，$|M|$ で M の要素数を表すことにすれば，$|M| = n - k$ である。したがって

ステップ2では，加算，比較ともにたかだか $(n-k)$ 回，

ステップ3では，$(n-k-1)$ 回の比較

が必要である。ゆえに，停止するまでに

$$\text{加算}\quad \sum_{k=1}^{n-1}(n-k) = \frac{n(n-1)}{2},$$

$$\text{比較}\quad \sum_{k=1}^{n-1}\{2(n-k)-1\} = n(n-1) - (n-1) = (n-1)^2$$

が必要であり，ダイクストラ法の時間計算量は $O(n^2)$ である。DP アルゴリズムの時間計算量は $O(n^3)$ であるから，明らかにダイクストラ法のほうが高速である。

4.3.2 ワーシャル・フロイド法

これまでは，$N = \{1, \cdots, n\}$，$\{c_{ij} ; (i, j) \in A\}$ が与えられたとき，所要時間の非負性を仮定して，点1から j，$j = 2, \cdots, n$ への最短経路を求める問題を論じてきた。しかし，所要時間の非負性が必ずしも成立しない問題や，全点間 $i, j, i, j \in N$ の最短経路を求める問題も重要である。以下では，非負性を仮定しない，全最短経路を求めるアルゴリズムとして，**ワーシャル・フロイド法**（Warshall-Floyd method）[15] を説明する。

4.2 節同様，$c_{jj} = 0$, $j \in N$ とおき，$(i, j) \notin A$ にたいして $c_{ij} = \infty$ とおく。$i, j, k \in N$ にたいして

$f(i, j)$：点 i から j への最短時間，

$f_k(i, j)$：点 i から j へ中間点として，点 $1 \sim k$ を利用して行ける最短時間

とおく。このとき，原問題の最短時間は $f(i, j) = f_n(i, j)$ であり，第1原理 (4.1) を満たしている。

中間点を経由せずに，直接点 i から点 j へ行く最短時間を $f_0(i, j)$ とおけば，

明らかに

$$f_0(i, j) = c_{ij}, \quad i, j \in \mathbf{N} \tag{4.12}$$

である。そして，$k = 1, \cdots, n$ にたいして

$$f_k(i, j) = \min\{1\sim(k-1)\text{を利用した最短時間}, k \text{を利用した最短時間}\}$$
$$= \min\{f_{k-1}(i, j), f_{k-1}(i, k) + f_{k-1}(k, j)\} \tag{4.13}$$

がなりたつ。最適性の原理である。したがって，形式的に $k = n + 1$ とおけば $f(i, j) = f_n(i, j) = f_{n+1}(i, j)$ であり

$$f(i, j) = \min_{k=1,\cdots,n}\{f(i, k) + f(k, j)\} \tag{4.14}$$

が得られる。ダイクストラ法同様，$f(i, j)$ の代わりに

f_{ij}：現在までに得られている点 i から j への最短時間

を用い，この最短経路上で

d_{ij}：点 j へ入る出先の点

とおく。すべての $i, j = 1, \cdots, n$ にたいして，式(4.14)を $k = 1$ から順に n まで調べ，各 k で改善されていれば f_{ij}, d_{ij} を更新すればよい。

[ワーシャル・フロイド法] (4.15)

① $f_{ij} = c_{ij}, d_{ij} = i, i, j = 1, \cdots, n$ とおき，$k = 1$ とおく。

② $i, j = 1, \cdots, n$ にたいして

$$f_{ij} > f_{ik} + f_{kj}$$

ならば，$f_{ij} = f_{ik} + f_{kj}, d_{ij} = d_{kj}$ とおく。

③ $f_{ii} < 0$ となる i があれば停止。$f(i, i) = -\infty$ であり，最短経路は存在しない。

④ $k < n$ ならば，$k = k + 1$ としてステップ2へ。$k = n$ ならば停止。$f(i, j) = f_{ij}, i, j = 1, \cdots, n$ である。最短経路は，$\{d_{ij}, i, j = 1, \cdots, n\}$ を逆にたどることで求められる。

ステップ3において，ある i で $f_{ii} < 0$ となれば，式(4.8)が $j_1 = i$ の巡回路にたいしてなりたち，$f(i, i) = -\infty$ となる。さらに，点 j から l への経

路がこの巡回路に含まれる点を通ることができれば，$f(j, l) = -\infty$ である。

ワーシャル・フロイド法は，ステップ2で各 i, j と各 k にたいする f_{ij} の計算に，1回の加算と比較が必要である。したがって，n^3 回の加算と比較が必要となり，ワーシャル・フロイド法の時間計算量は $O(n^3)$ である。

［例題1.2］のネットワークにおける全最短経路を，ワーシャル・フロイド法で計算されたい。この際，$c_{ij} \geq 0$ であるから，ステップ3は不要である。

4.4 VBAプログラム

4.4.1 ダイクストラ法

ダイクストラ法の VBA プログラムが CD-ROM，ファイル名 Dijkstra.xls および DijkstraXY.xls に入っている。Dijkstra.xls は各点間の所要時間を入力して最短経路問題を解くプログラムであり，DijkstraXY.xls では各点間の所要時間を，入力された XY 座標から計算して解くプログラムになっている。

例として，Dijkstra.xls を用いて［例題1.2］を解く手順を説明する。

① CD-ROM の Dijkstra.xls をダブルクリックする。すると図3.3のよう

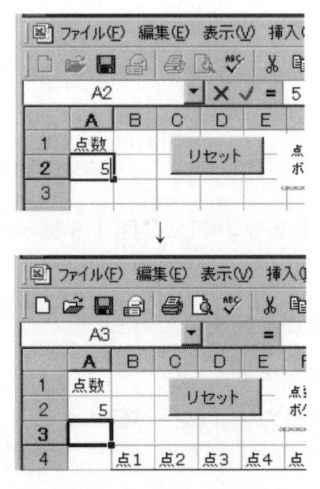

図 4.2　Dijkstra.xls：
　　　　ノード数の入力

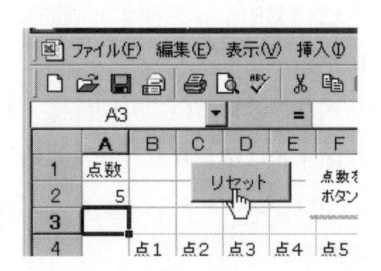

図 4.3　Dijkstra.xls：
　　　　リセットボタン

120　　　4．動 的 計 画 法

な警告がでるが，ここでは［マクロを有効にする］をクリックする。
② 点が5個なので点数に5を入れ，ENTERキーを押せば図 **4.2** となる。
③ 図 **4.3** に示される［リセット］ボタンを押す。
④ 各点間の所要時間を入力する部分がクリアされると同時に，図 **4.4** のように点の数だけ円が表示される。
⑤ 必要なデータを入力する。たとえば，点1-3間の所要時間は2であるからセルD5に2を入力すれば，図 **4.5** である。

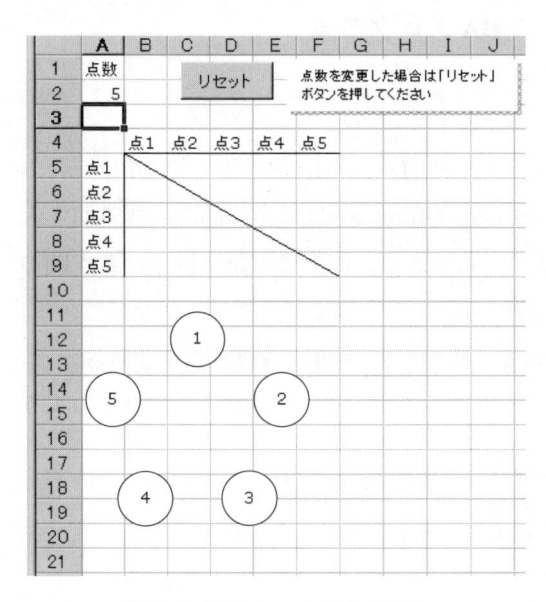

図 **4.4**　Dijkstra.xls：円の表示

図 **4.5**　Dijkstra.xls：所要時間の入力

⑥ ENTERキーを押すと同時に，点1と3の間に，図 **4.6** に示される矢印が描かれる。
⑦ 残りの値についても同様に入力すれば，図 **4.7** である。
⑧ 図 **4.8** に示される［計算開始］ボタンを押す。
⑨ 2つのメッセージボックスが表示された後，結果が図 **4.9** のように表示される。

4.4 VBAプログラム

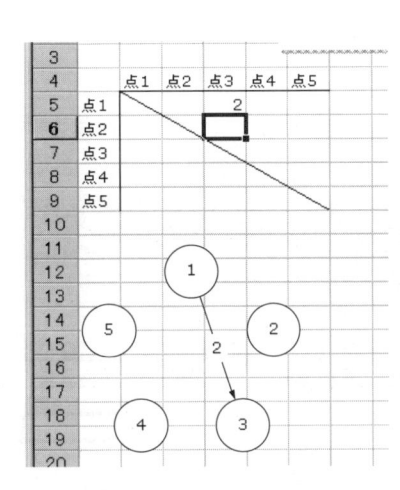

図 4.6 Dijkstra.xls：所要時間の表示

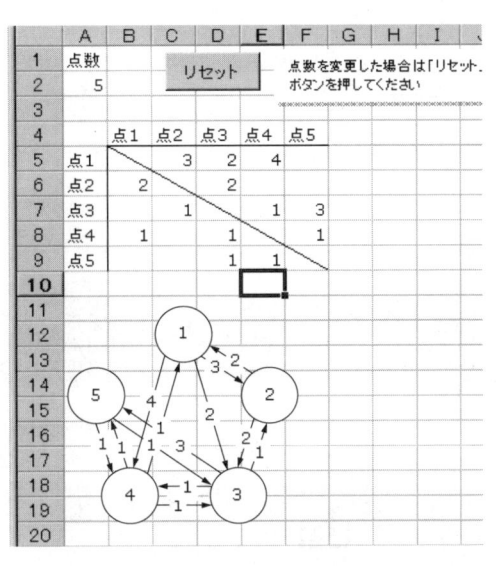

図 4.7 Dijkstra.xls：残りの所要時間の入力

図 4.8 Dijkstra.xls：計算開始ボタン

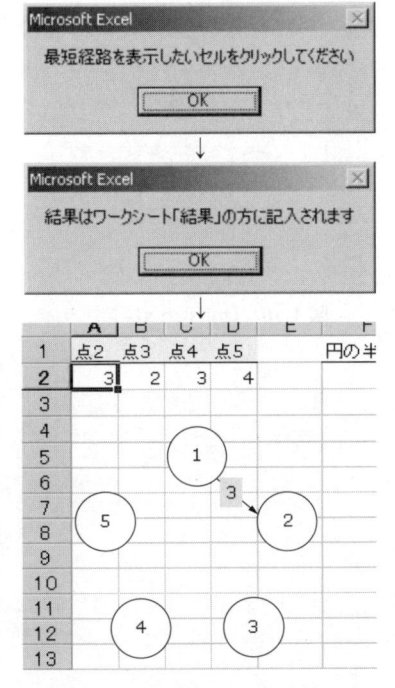

図 4.9 Dijkstra.xls：計算結果

122   4. 動 的 計 画 法

図 4.10　Dijkstra.xls：最短経路の表示

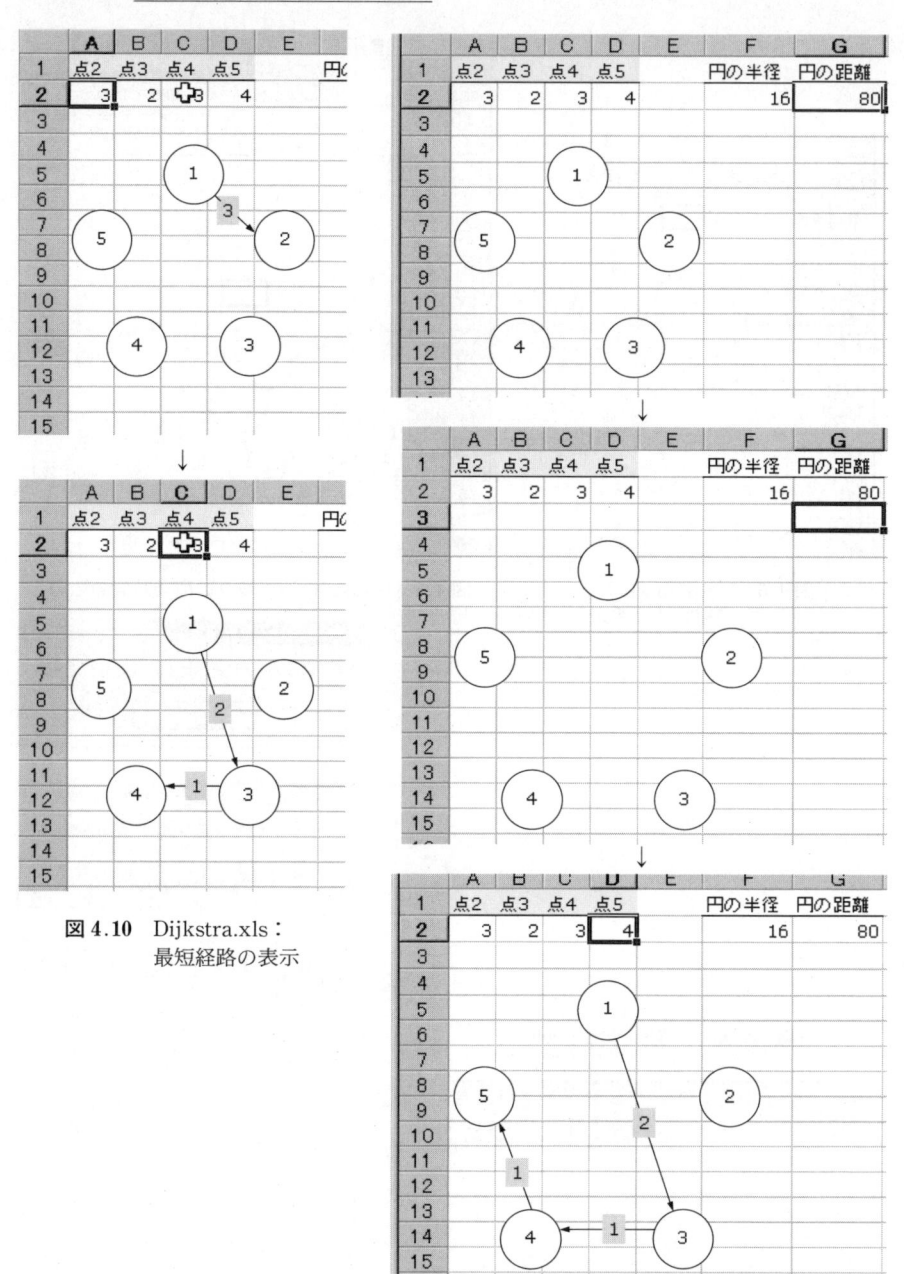

図 4.11　Dijkstra.xls：円の半径・距離の指定

⑩ 最短経路を表示したいセルをクリックする。たとえば，点 1-4 間の最短経路を表示したいときには，セル C2 をクリックすれば，**図 4.10** として結果が示される。

⑪ **図 4.11** に示すように，点を表す円の半径や距離を指定することもできる。

4.4.2 ワーシャル・フロイド法

ワーシャル・フロイド法の VBA プログラムが，CD-ROM，ファイル名 Floyd.xls および FloydXY.xls に入っている。Floyd.xls は各点間の所要時間を入力して解くプログラムであり，FloydXY.xls は各点間の所要時間を，入力された XY 座標から計算して解くプログラムになっている。

例として，Floyd.xls を用いて［例題 1.2］を解く手順を説明する。

① CD-ROM の Floyd.xls をダブルクリックする。すると図 3.3 のような警告がでるが，ここでは［マクロを有効にする］をクリックする。

② 点が 5 個なので点数に 5 を入れ，ENTER キーを押す（図 4.2 参照）。

③ ［リセット］ボタンを押す（図 4.3 参照）。

④ 各点間の所要時間を入力する部分がクリアされると同時に，点の数だけ円が表示される（図 4.4 参照）。

⑤ 必要なデータを入力する。たとえば，点 1-3 間の所要時間は 2 であるからセル D5 に 2 を入力し，ENTER キーを押す（図 4.5 参照）。

⑥ ENTER キーを押すと同時に，点 1 と 3 の間に矢印が描かれる（図 4.6 参照）。

⑦ 残りの値についても同様に入力する（図 4.7 参照）。

⑧ ［計算開始］ボタンを押す（図 4.8 参照）。

⑨ 2 つのメッセージボックスが表示された後，結果が**図 4.12** のように表示される。

⑩ 最短経路を表示したいセルをクリックする。たとえば，点 1-5 間の最短経路を表示したいときは，セル F2 をクリックすれば，**図 4.13** のように表示される。

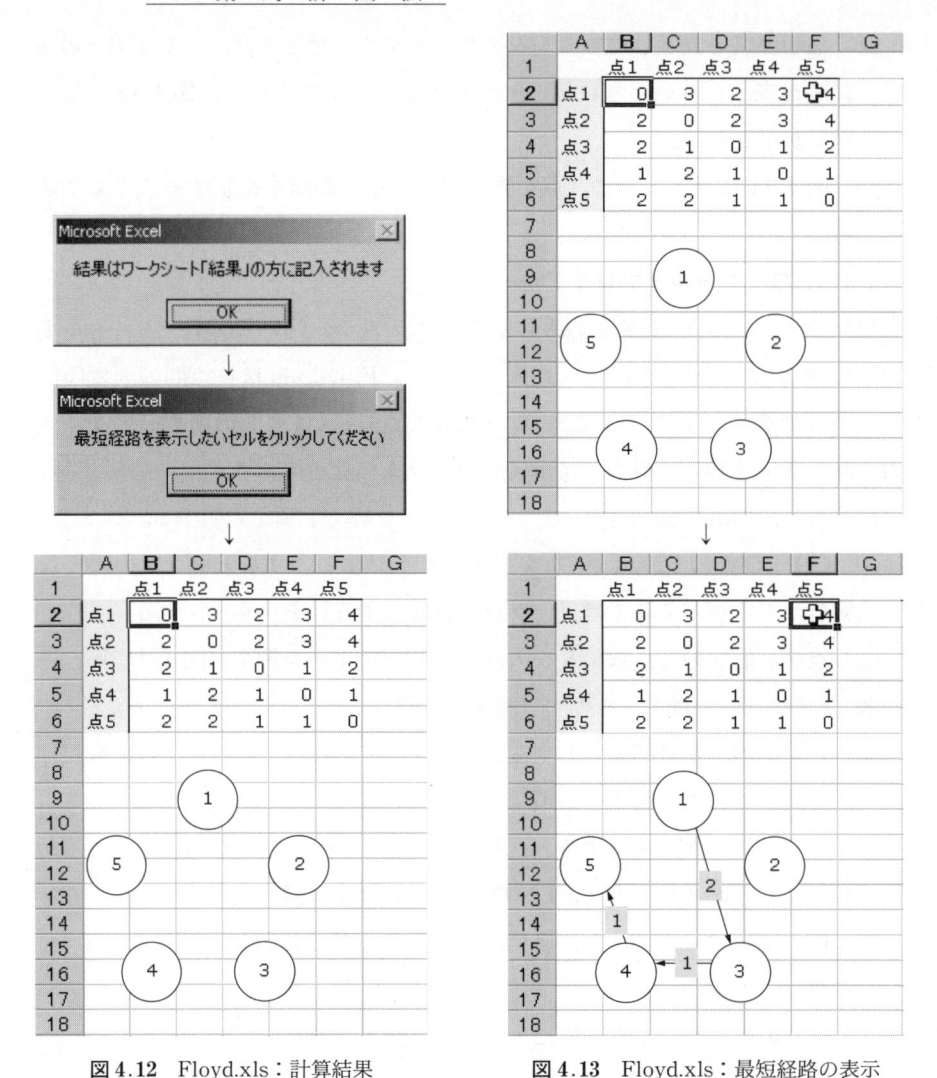

図 4.12 Floyd.xls：計算結果

図 4.13 Floyd.xls：最短経路の表示

⑪ 図 4.14 に示すように点を表す円の半径や距離を指定することもできる。

4.4 VBAプログラム   *125*

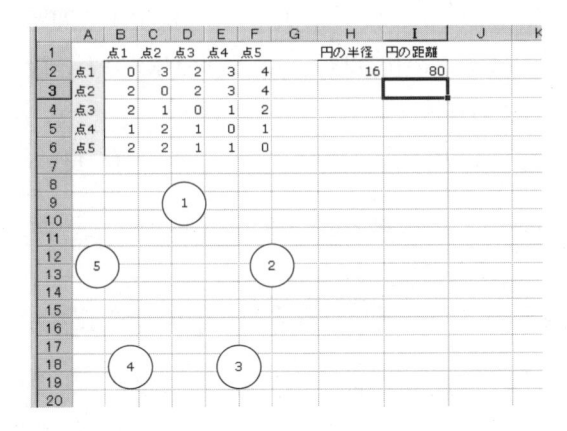

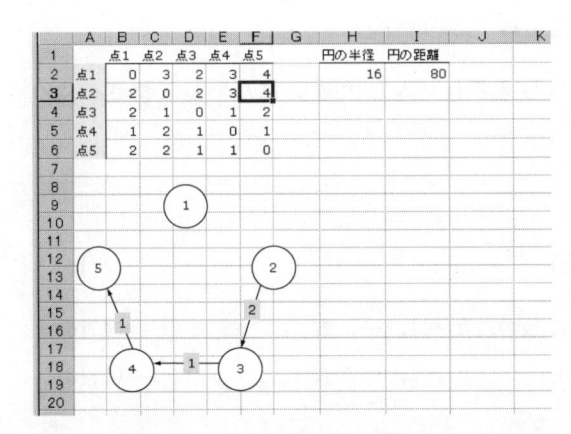

図 4.14　Floyd.xls：円の半径・距離の指定

4.5 多段決定過程

前節までは最短経路問題を対象に，DPに関連したアルゴリズムを導いてきた．しかし，4.1節で述べたように，DPの適用領域はきわめて広範囲にわたっている．本節では，DPの代表的問題として，1.2.12項で述べた最適制御問題を含む多段決定過程を対象に，そのDPアルゴリズムを導く．

多段決定過程（問題1.15）は，**図4.15**に示されるように，入力状態 y_1 が与えられたとき，K 段階から得られる全利益が最大になるように，最適決定 $\{x_k^*; k=1, \cdots, K\}$ と最適状態 $\{y_k^*; k=2, \cdots, K+1\}$ を決定する問題である．各段階 k で決定 x_k をとったときの利益が $f_k(y_k, x_k)$ で与えられ，段階 $k+1$ への入力状態は次式で与えられる．

$$y_{k+1} = g_k(y_k, x_k), \quad k = 1, \cdots, K \tag{4.16}$$

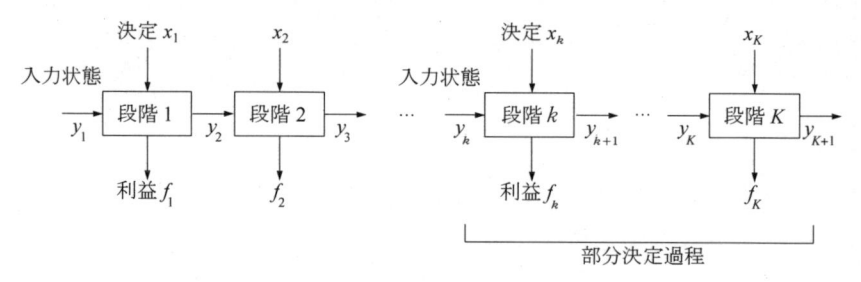

図 4.15 多段決定過程

したがって，多段決定過程は与えられた入力状態 y_1 にたいしてつぎのように定式化される．

問題 **4.1 多段決定過程**

$$\text{最大化} \quad \sum_{k=1}^{K} f_k(y_k, x_k) \tag{4.17}$$

$$\text{制約条件} \quad y_{k+1} = g_k(y_k, x_k), \quad k = 1, \cdots, K \tag{4.16}$$

$$\quad x_k \in X_k(y_k), \quad k = 1, \cdots, K \tag{4.18}$$

ここで $X_k(y_k)$ は，入力状態 y_k における種々の制約条件から定められる x_k の実行可能領域である。

$k=1, \cdots, K$ にたいして，図に示されるように，k 段階への入力状態 y_k が与えられたときの，第 $k \sim K$ 段階の部分決定過程を考える。明らかに原問題（問題 4.1）は，$k=1$ にたいする部分決定過程であり，不変埋込みの原理(4.1)を満たしている。

k 段階の入力状態 y_k が与えられたときの，第 $k \sim K$ 段階部分決定過程から得られる最大全利益を $F_k(y_k)$ で表すことにする。特に，$k=K$ にたいする最大全利益 $F_K(y_K)$ を求める問題は，入力状態 y_K が与えられたときの K 段階利益を最大化するつぎの問題である。

[問題] **4.2 K 段階部分決定過程**

  最大化 $f_K(y_K, x_K)$

  制約条件 $x_K \in X_K(y_K)$

この問題の最大利益を目的関数と制約条件を用いて

$$\max\{f_K(y_K, x_K) | x_K \in X_K(y_K)\}$$

と表すことにする。したがって，次式である。

$$F_K(y_K) = \max\{f_K(y_K, x_K) | x_K \in X_K(y_K)\} \qquad (4.19)$$

$k=1, \cdots, K-1$ にたいして，$F_k(y_k)$ を $F_{k+1}(y_{k+1})$ を用いて表すことを考える。k 段階において決定 x_k をとれば，$k+1$ 段階への入力状態は式(4.16)で与えられ，第 $k+1 \sim K$ 段階部分決定過程はこの入力状態に関して最適決定をとらなければならない。すなわち最適性の原理である。したがって

$$F_k(y_k) = \max\{f_k(y_k, x_k) + F_{k+1}(g_k(y_k, x_k)) | x_k \in X_k(y_k)\} \qquad (4.20)$$

がなりたつ。実際 $F_k(y_k)$ は，入力状態 y_k が与えられたときの第 $k \sim K$ 段階部分決定過程の最大全利益であり，次式で与えられる。

$$F_k(y_k) = \max\Big\{\sum_{l=k}^{K} f_l(y_l, x_l) \Big| y_{l+1} = g_l(y_l, x_l),\ x_l \in X_l(y_l),$$
$$l = k, \cdots, K\Big\}$$

x_k を最初に決定すれば，$k+1$ 段階への入力状態は式(4.16)で与えられ

$$F_k(y_k) = \max\Big\{f_k(y_k, \ x_k) + \max\Big\{\sum_{l=k+1}^{K} f_l(y_l, \ x_l) | y_{l+1} = g_l(y_l, \ x_l),$$

$$x_l \in X_l, \ l = k+1, \ \cdots, \ K\Big\}$$

$$|y_{k+1} = g_k(y_k, \ x_k), \ x_k \in X_k(x_k)\Big\}$$

$$= \max\{f_k(y_k, \ x_k) + F_{k+1}(g_k(y_k, \ x_k)) | x_k \in X_k(y_k)\}$$

となり，式(4.20)を導くことができる．式(4.19)，(4.20)で最大値を与える最適決定を $x_k{}^*(y_k)$，$k=1, \cdots, K$ とおくことにする．

簡単のため，各段階 k での決定 x_k は離散的な値をとるものとし，式(4.18)における $X_k(y_k)$ がその許容領域を表すものとする．入力状態 y_1 が与えられたとき，2段階への入力状態 y_2 のとりうる値の集合を Y_2 で表せば，式(4.16)より Y_2 は次式で定められる．

$$Y_2 = \{y_2 = g_1(y_1, \ x_1) \ ; \ x_1 \in X_1(y_1)\} \tag{4.21}$$

同様に，$k=3, \cdots, K$ にたいして y_k のとりうる値の集合を Y_k で表せば

$$Y_k = \{y_k = g_{k-1}(y_{k-1}, \ x_{k-1}) \ ; \ x_{k-1} \in X_{k-1}(y_{k-1}), \ y_{k-1} \in Y_{k-1}\} \tag{4.22}$$

である．したがって，まず Y_K のすべての y_K にたいして式(4.19)を計算し，その値を用いて逐次 $k=K-1, \cdots, 1$ にたいして式(4.20)を計算すれば，求める最大全利益 $F_1(y_1)$ を求めることができる．さらに，$F_1(y_1)$ を与える最適決定 $\{x_k{}^*, \ k=1, \cdots, K\}$ と最適状態 $\{y_k{}^*, \ k=2, \cdots, K+1\}$ は，y_1，$x_1{}^* = x_1{}^*(y_1)$，$y_2{}^* = g_1(y_1, \ x_1{}^*)$，…と順次状態と最適決定をたどることで求めることができる．

アルゴリズムとしてまとめれば以下である．

[DP アルゴリズム] (4.23)

① 入力状態 y_1 から順次，式(4.21)，(4.22)により入力状態 y_k のとりうる値の集合 Y_k，$k=1, \cdots, K$，を求める．ここで $Y_1 = \{y_1\}$ である．

② Y_K のすべての点 y_K にたいして，式(4.19)より $F_K(y_K)$ の値を計算し，

最大値を与える $x_K{}^*(y_K)$ の値とともに保存する。$k = K - 1$ とおく。

③　Y_k のすべての点 y_k にたいして，式(4.20)より $\{F_{k+1}(y_{k+1})\,;\,y_{k+1} \in Y_{k+1}\}$ の値を用いて $F_k(y_k)$ を計算し，最大値を与える $x_k{}^*(y_k)$ の値とともに保存する。

④　k を $k-1$ とおき，$k \geq 1$ ならばステップ3へ。$k = 0$ ならばステップ5へ。

⑤　求める最大総利益は $F_1(y_1)$ である。$x_1{}^* = x_1{}^*(y_1)$，$y_2{}^* = g_1(y_1, x_1{}^*)$，$k = 2$ とおく。

⑥　式(4.16)を用いて，$y_k{}^*$，$x_k{}^* = x_k{}^*(y_k{}^*)$ から $y_{k+1}{}^*$ を求める。

⑦　$k = k+1$ とおき，$k \leq K$ ならばステップ6へ。$k = K+1$ ならば，求める最適決定は $(x_1{}^*, \cdots, x_K{}^*)$ であり，最適状態は $(y_2{}^*, \cdots, y_{K+1}{}^*)$ で与えられる。

上記アルゴリズムでは，決定が離散値をとるものと仮定している。しかし，制御問題におけるように，状態，決定ともに連続値をとる場合には，各 Y_K の代表的な離散点〔**格子点** (lattice point) と呼ぶ〕にたいして，式(4.19)，(4.20)から $F_k(y_k)$，$x_k{}^*(y_k)$ を計算しなければならない。そして，それ以外の点での利益の値，例えば式(4.20)における $F_{k+1}\{g_k(y_k, x_k)\}$ の値は，格子点での $F_{k+1}(y_{k+1})$ の値の内挿あるいは外挿により求めればよい。最適決定 $x_k{}^*(y_k)$ の計算も同様である。

したがって，実用的な精度を保証するためには，格子点は相当の点数をとらなければならず，微分を利用した微分動的計画法[59),60)]が有効と思われる。なおDPアルゴリズム(4.23)は，入力状態，決定がベクトル値をとる場合にもそのまま適用できる。また，1.2.12項で述べた離散時間最適制御問題（問題1.14）にたいするLPなどによる解法が文献61)に述べられている。

5. 組合せ最適化

5.1 はじめに

　ハイキングに出かけるとき，限られた大きさのナップサックになにを詰めれば最適であろうか？　この問題は1.2.7項のナップサック問題（問題1.8）であり，詰める品物の最適な組合せを決定する問題である．また，与えられたネットワーク上で，セールスマンが訪問を予定している複数の顧客を，すべて1度だけ訪問して最短時間で営業所へ戻る巡回路を求める問題は，1.2.8項の巡回セールスマン問題（問題1.9）である．さらに，総配送費用が最小となるように，積載容量を満たす範囲で配送する顧客とその巡回路を各車両に指示する問題は，1.2.10項の配送計画問題（問題1.12）である．
　共に，セールスマンあるいは各車両にたいする，ネットワーク上での顧客の最適訪問順を決定する問題である．これらは，組合せ計画問題の代表的な問題であり，LP問題において，一部の変数に整数条件を付加した混合整数計画問題（問題1.10）として定式化できる．
　このほかにも，組合せ最適化問題には，与えられた複数の工程で加工される複数のジョブの作業順を，最終完了時間が最小となるように決定するスケジューリング問題（問題1.11），与えられた期間内に複数の製品を，候補となる複数の工場で総費用が最小となるように生産する生産計画問題等々，実用上重要な多くの問題が含まれており，混合整数計画問題として定式化できる．
　混合整数計画問題を解く手法が**混合整数計画法**（mixed integer programming，略してMIP）であり，特にすべての変数が整数である問題を解く手法を**整数計画法**（integer programming，略してIP）と呼んでいる．

5.1 はじめに

　IPは，1958年にGomory[23]が切除平面法を提案したのがその始まりである。1960年には，LandとDoig[52]がMIPとして**分枝限定法** (branch and bound method) を発表し，この手法はその後の研究の進展により，今日ではIP, MIPの代表的手法となっている。上記の多彩な実用的問題の多くがMIP問題として定式化できるとはいえ，実際の解法としてMIPが優れているわけではない。実際，多くの問題にたいして，その問題の特徴をうまく活かした，より効率的なアルゴリズムが開発されている。

　しかし，巡回セールスマン問題を含めほとんどの組合せ最適化問題には，多項式時間アルゴリズムが存在しないものと予想されている。したがって近年，実用的な規模の組合せ最適化問題にたいするメタヒューリスティクスと呼ばれる，特定の問題の性質に依存しない，より一般的な考え方に基づいたいくつかのアルゴリズムが提案され，実用化されている。

　ナップサック問題は，1つの制約式を持ち，各変数が0あるいは1の値をとる，最も簡単な整数計画問題である。本章では，次節でこのナップサック問題を取り上げ，前章のDPアルゴリズム(4.23)による解法を紹介し，その欠点とそれを克服する緩和問題の考え方を説明する。5.3節では，整数計画問題あるいは組合せ計画問題に対する基本的解法として，ナップサック問題にたいする分枝限定法によるアルゴリズムを説明し，そのVBAプログラムを述べる。分枝限定法は，広範囲の問題に適用可能な解法ではあるが，対象とする問題固有の性質を利用した考察が効果的であり，例えば5.3節のVBAプログラムは，ナップサック問題にのみ有効である。5.4節では，混合整数計画問題にたいするソルバーによる解法を説明する。最後に5.5節では，メタヒューリスティクスとして，アニーリング法，タブー探索法，遺伝アルゴリズムを取り上げ，それらの基本的な考え方を配送計画問題への適用を通して説明し，それらVBAプログラムによる配送計画問題の解法を述べる。

　組合せ最適化と整数計画法については，文献30), 45), 46), 50)を参考にされたい。

5.2 ナップサック問題

ハイキングに出かけるとき,持っていく品物をその効用が最大になるように,決められた容積 b のナップサックに詰めたい。

候補となる品物が n 個あり,品物 j, $j=1, \cdots, n$ の容積が a_j,その効用が c_j で与えられている。変数 $x_j=1$(あるいは 0)で品物 j を詰める(詰めない)ことを表すことにする。この問題はナップサック問題(問題 1.8)であり,以下のように定式化される。

[問題] **5.1 ナップサック問題 (P)**

最大化 $\quad z = \sum_{j=1}^{n} c_j x_j \qquad (5.1)$

制約条件 $\quad \sum_{j=1}^{n} a_j x_j \leq b \qquad (5.2)$

$\qquad\qquad x_j = 0$ あるいは $1, \ j=1, \cdots, n \qquad (5.3)$

ここで,$a_j \geq 0$, $c_j \leq 0$ の場合には,品物 j は効用がないのに容積だけを浪費する品物であり,したがって $x_j=0$ と固定でき,$a_j \leq 0$, $c_j \geq 0$ の場合には,効用がありながら容積を消費しない品物であり,$x_j=1$ と固定できる。さらに,$a_j < 0$, $c_j < 0$ の場合には,変数 x_j を $x_j = 1 - x_j'$ とおき換えれば,x_j' の係数は $(-a_j)$, $(-c_j)$ となり,共に正とできる。

また,制約条件において a_j, b が有理数の場合には分数として表現できるから,それら分母の最小公倍数をかければ a_j, b をすべて整数にすることができる。目的関数についても同様であり,c_j もすべて整数にすることができる。

したがって,一般性を失うことなく,係数 a_j, b, c_j はすべて正整数であり,さらに自明な問題を除けば,$a_j \leq b$, $j=1, \cdots n$, $\sum_{j=1}^{n} a_j > b$ がなりたつものと仮定できる。

ナップサック問題は,DP アルゴリズム (4.23) を用いて解くことができる。前章の多段決定過程(問題 4.1)において,まず $k=1, \cdots, K$ を $j=1$,

…，n とおき，初期入力状態 y_1 をナップサックの容積 b とおく．さらに，最大化すべき目的関数(4.17)および制約条件(4.16)，(4.18)をおのおの

$$f_j(y_j,\ x_j) = c_j x_j,\ j = 1, \cdots, n \tag{4.17}'$$

$$y_{j+1} = y_j - a_j x_j,\ j = 1, \cdots, n \tag{4.16}'$$

$$x_j = 0\ \text{あるいは}\ 1,\ j = 1, \cdots, n \tag{4.18}'$$

とおけば，ナップサック問題は，多段決定過程として定式化できる．そして，第 $j \sim n$ 段階部分決定過程への入力状態 y_j，$j = 1, \cdots, n$ として空き容積をとれば，そのとりうる値の集合 Y_j は，式(4.21)，(4.22)によらず簡単に

$$Y_j = \{0,\ 1,\ \cdots,\ b\},\ j = 1,\ \cdots,\ n \tag{5.4}$$

とできる．式(4.20)は，$j = 1, \cdots, n-1$，$y_j \in Y_j$ にたいして

$$\begin{aligned} F_j(y_j) &= \max\{c_j x_j + F_{j+1}(y_j - a_j x_j) | x_j = 0\ \text{あるいは}\ 1,\ a_j x_j \leq y_j\} \\ &= \begin{cases} F_{j+1}(y_j), & y_j < a_j\ \text{のとき} \\ \max\{F_{j+1}(y_j),\ c_j + F_{j+1}(y_j - a_j)\}, & y_j \geq a_j\ \text{のとき} \end{cases} \end{aligned} \tag{5.5}$$

である．特に式(4.19)は，$y_n \in Y_n$ にたいして

$$\begin{aligned} F_n(y_n) &= \max\{c_n x_n | x_n = 0\ \text{あるいは}\ 1,\ a_n x_n \leq y_n\} \\ &= \begin{cases} 0, & y_n < a_n\ \text{のとき} \\ c_n, & y_n \geq a_n\ \text{のとき} \end{cases} \end{aligned} \tag{5.6}$$

である．したがって，式(5.4)～(5.6)にたいして DP アルゴリズム(4.23)を用いれば，品物数 n と容積 b が大規模でない限り，比較的簡単に最大効用 z^* と最適解 $(x_1^*,\ x_2^*,\ \cdots,\ x_n^*)$ を求めることができる．

例題 5.1

最大化 $z = 3x_1 + 2x_2 + x_3$

制約条件 $x_1 + 2x_2 + x_3 \leq 2$

$x_j = 0\ \text{あるいは}\ 1,\ j = 1, 2, 3$

［例題 5.1］を DP アルゴリズムにより解けば，**表 5.1** である．

しかし，この DP アルゴリズムは，ナップサック問題の特性を完全には活かしていない．問題は，限られた容積のナップサックに，効用が最大となるよう

表 5.1 [例題 5.1] の DP アルゴリズムによる解

y	0	1	2
$F_3(y)$	0	1	1
$x_3{}^*(y)$	0	1	1
$F_2(y)$	0	1	2
$x_2{}^*(y)$	0	0	1
$F_1(y)$	0	3	4
$x_1{}^*(y)$	0	1	1

に品物を詰めることであるから，品物 j の単位容積当りの効用 $t_j = c_j/a_j$ が最大の品物から順に詰め込むことが考えられる．すなわち，品物の番号を

$$t_1 = \frac{c_1}{a_1} \geq t_2 = \frac{c_2}{a_2} \geq \cdots \geq t_n = \frac{c_n}{a_n} \tag{5.7}$$

となるように付け直し

$$\sum_{j=1}^{p-1} a_j < b \leq \sum_{j=1}^{p} a_j \tag{5.8}$$

を満たす $p(1 \leq p \leq n)$ を定めれば

$$\bar{x}_1{}^* = \cdots = \bar{x}_{p-1}{}^* = 1, \quad \bar{x}_p{}^* = \frac{b - \sum_{j=1}^{p-1} a_j}{a_p}, \quad \bar{x}_{p+1}{}^* = \cdots = \bar{x}_n{}^* = 0 \tag{5.9}$$

は，ナップサック問題 (P) において 0-1 条件 (5.3) の代わりに

$$0 \leq x_j \leq 1, \quad j = 1, \cdots, n \tag{5.10}$$

として得られる LP 問題の最適解である．実際，式 (5.9) で与えられる $\bar{x}^*$ は，単位容積当りの効用 t_j が最大の品物を順に $p-1$ まで詰め，容積が b になる $\bar{x}_p{}^*$ まで品物 p を詰めて得られる解であり，これ以上効用を大きくすることは不可能である．

この LP 問題をナップサック問題 (P) の **LP 緩和問題** ($\bar{P}$) と呼び，その最適解 $\bar{x}^*$ と最大効用 $\bar{z}^*$ をおのおの **LP 解**，**LP 効用** と呼ぶことにする．LP 効用は

$$\bar{z}^* = \sum_{j=1}^{p-1} c_j + \frac{c_p}{a_p}\left\{b - \sum_{j=1}^{p-1} a_j\right\} \tag{5.11}$$

であり，LP 緩和問題 ($\bar{P}$) は以下で与えられる．

[問題] 5.2 LP緩和問題（$\bar{P}$）

最大化　　$\bar{z} = \sum_{j=1}^{n} c_j x_j$　　　　　　　　　　(5.1)

制約条件　$\sum_{j=1}^{n} a_j x_j \leq b$　　　　　　　　　(5.2)

　　　　　$0 \leq x_j \leq 1, \ j = 1, \cdots, n$　　　　　(5.10)

問題（P）の実行可能領域は，明らかに問題（$\bar{P}$）の実行可能領域に含まれる格子点であり，つぎの定理が成立する．

[定理] 5.1
1) LP緩和問題（$\bar{P}$）が不能ならば，ナップサック問題（P）もまた不能である．
2) LP効用 $\bar{z}^*$ の整数部 $\lfloor \bar{z}^* \rfloor$ は，ナップサック問題の最大効用 z^* を下回ることはない．すなわち $\lfloor \bar{z}^* \rfloor \geq z^*$ である．
3) LP解 $\bar{x}^*$ が0-1条件(5.3)を満たせば，ナップサック問題の最適解 x^* である．

簡単に解が得られるLP緩和問題にたいする，これらの性質をうまく利用した解法が次節で述べる分枝限定法である．したがって，LP緩和問題が効果的でなくなる，すべての j にたいして $t_j =$ 一定となる場合には，上に述べたDPアルゴリズムが相対的に効率的となるであろう．

5.3　分枝限定法とVBAプログラム

分枝限定法は，原理的にあらゆる組合せ最適化問題に適用できる手法である．その基本手順は，組合せ最適化問題の実行可能領域をいくつかの部分領域に分割し，そのおのおのを実行可能領域とする部分問題を考え（これを**分枝操作**と呼ぶ），部分問題の解が得られるか，原問題の最適解を含む可能性がないことがわかればそこで打ち切り（これを**限定操作**と呼ぶ），可能性のある部分

問題だけをさらに調べることである。

以下，ナップサック問題を対象にそのアルゴリズムを説明する。

ナップサック問題（P）は式(5.7)を満たし，品物が単位容積当りの効用順に番号付けられているものとする。問題（P）の部分問題は，詰めた品物と詰めなかった品物および詰める候補として残されている品物を与えれば確定する。すなわち，その部分問題（P_s）を表すために

H：詰められなかった（$x_j = 0$ に固定）品物 j の集合

I：詰められた（$x_j = 1$ に固定）品物 j の集合

J：候補として残されている（$x_j = 0$ あるいは 1）品物 j の集合

とおけば，つぎのようになる。

[問題] **5.3 部分問題（P_s）**

最大化 $\quad z_s = \sum_{j \in J} c_j x_j + \sum_{j \in I} c_j$ （5.12）

制約条件 $\quad \sum_{j \in J} a_j x_j \leq b_s = b - \sum_{j \in I} a_j$ （5.13）

$\quad\quad\quad x_j = 0$ あるいは $1, \ j \in J$ （5.14）

LP緩和問題（問題5.2）と同様に，部分問題（P_s）の LP 緩和問題（$\bar{P}_s$）は，以下で与えられる。

[問題] **5.4 LP 緩和問題（$\bar{P}_s$）**

最大化 $\quad \bar{z}_s = \sum_{j \in J} c_j x_j + \sum_{j \in I} c_j$ （5.15）

制約条件 $\quad \sum_{j \in J} a_j x_j \leq b_s = b - \sum_{j \in I} a_j$ （5.13）

$\quad\quad\quad 0 \leq x_j \leq 1, \ j \in J$ （5.16）

LP 緩和問題（$\bar{P}_s$）の最適解 $\bar{x}_s^*$，$\bar{z}_s^*$ も b を b_s とおき，J の要素を添字の小さい順にとれば，式(5.8)，(5.9)，(5.11)と同様に求めることができる。

さらに，ナップサック部分問題（P_s）と LP 緩和問題（$\bar{P}_s$）にたいして，[定理5.1]がなりたち，系[†]としてまとめればつぎのようになる。

---

† **定理**（theorem）から直接的に導かれるものを，**系**（corollary）と呼んでいる。

系 5.1

1) LP緩和問題（$\overline{P}_s$）が不能ならば，ナップサック部分問題（P_s）も不能である。
2) $\lfloor \overline{z}_s^* \rfloor \geq z_s^*$
3) LP解 $\overline{\boldsymbol{x}}_s^*$ が0-1条件(5.14)を満たせば，(P_s)の最適解 $\boldsymbol{x}_s^*$ である。

[系5.1]の1），3）より（$\overline{P}_s$）が不能であれば（P_s）も不能であり，$\overline{\boldsymbol{x}}_s^*$ が整数解であれば（P_s）の最適解 $\boldsymbol{x}_s^*$ である。ここで，部分問題（P_s）に至るまでに得られた，ナップサック問題（P）の実行可能解で効用を最大にする解 $\tilde{\boldsymbol{x}}$ を**暫定解**と呼び，その効用を $\tilde{z}$ とおく。

[定理5.1]の2）より，LP効用の整数部 $\lfloor \overline{z}^* \rfloor$ にたいして $\tilde{z} = \lfloor \overline{z}^* \rfloor$ ならば $\tilde{z} = z^*$ であり，暫定解は最適解である。また [系5.1] の2）より $\tilde{z} \geq \lfloor \overline{z}_s^* \rfloor$ がなりたてば，部分問題（P_s）は原問題（P）の暫定解よりよい解を含まず，（P_s）を打ち切ることができる。これらが限定操作である。このとき，これまでの詰め方を見直し，詰めていた品物を詰めなかった品物に変更した部分問題を考えることを，**バックトラック**（backtrack）と呼んでいる。

分枝操作としては，LP緩和問題（$\overline{P}$）あるいは（$\overline{P}_s$）における式(5.8)の x_p に着目するアルゴリズムもあるが，以下では，分枝する変数を単位容積当りの効用順に選ぶアルゴリズム[27]を述べる。したがって，$k = 1, \cdots, n$ にたいしてつねに $J = \{k, k+1, \cdots, n\}$ である。以下では，式(5.12)，(5.15)においてつぎのようにおく。

$$z_I = \sum_{j \in I} c_j \tag{5.17}$$

[**分枝限定法**] (5.18)

① （初期設定）$z_I = \tilde{z} = 0$, $x_j = 0$, $j = 1, \cdots, n$, $\tilde{\boldsymbol{x}} = (x_1, \cdots, x_n)$, $b_s = b$, $k = 1$ とおく。

② $J = \{k, k+1, \cdots, n\}$ にたいしてLP緩和問題（問題5.4）を解き，最適解 $\overline{\boldsymbol{x}}_s^*$, $\overline{z}_s^*$ を求める。特に $k = 1$ のときのLP効用の式(5.11)の整数部を $\lfloor \overline{z}^* \rfloor$ とおく。ただし，$J = \phi$ ならばステップ6へ。

②-1 （限定操作） もし $\tilde{z} \geq \lfloor \bar{z}_s{}^* \rfloor$ がなりたつか，不能ならばステップ6へ。

②-2 もし $\bar{\boldsymbol{x}}_s{}^*$ が 0-1 条件 (5.14) を満たせば，ステップ6へ。ただし，$\bar{z}_s{}^* > \tilde{z}$ ならば $\tilde{z} = \bar{z}_s{}^*$, $\tilde{\boldsymbol{x}} = \bar{\boldsymbol{x}}_s{}^*$ と暫定解を更新し，$x_k = \cdots = x_n = 0$ とおく。

②-3 さもなければステップ3へ。（通常，指示された条件がなりたたなければ，つぎのステップへ進むことが暗黙のうちに了解されており，この記述は省略される。）

③ $a_k > b_s$ ならばステップ4へ。さもなければ，$x_k = 1$, $z_I = z_I + c_k$, $b_s = b_s - a_k$, $k = k + 1$ とおいて，このステップを $a_k > b_s$ となるまでくりかえす。$k > n$ ならばステップ5へ。

④ $x_k = 0$, $k = k + 1$ とおき，$k < n$ ならばステップ2へ。$k = n$ ならばステップ3へ。$k > n$ ならばステップ5へ。

⑤ （暫定解の更新） $z_I > \tilde{z}$ ならば $\tilde{z} = z_I$, $\tilde{\boldsymbol{x}} = \boldsymbol{x}$ とおく。$\tilde{z} = \lfloor \bar{z}^* \rfloor$ ならばステップ7へ。さもなければステップ6へ。

⑥ （バックトラック） $k > j$ で $x_j = 1$ となる最大の添字 j^* をみつけ，$x_{j^*} = 0$, $z_I = z_I - c_{j^*}$, $b_s = b_s + a_{j^*}$, $k = j^* + 1$ とおき，ステップ2へ。そのような j^* がなければ，ステップ7へ。

⑦ （最適解） 現在の暫定解が最適であり，$z^* = \tilde{z}$, $\boldsymbol{x}^* = \tilde{\boldsymbol{x}}$ である。

［例題 5.1］を分枝限定法 (5.18) で解いてみる。まず，この例題が式 (5.7) を満たしていることに注意する。

① $z_I = \tilde{z} = 0$, $\boldsymbol{x} = \tilde{\boldsymbol{x}} = \boldsymbol{0}$, $b_s = 2$, $k = 1$

② LP 緩和問題：

最大化 $\quad \bar{z} = 3x_1 + 2x_2 + x_3$

制約条件 $\quad x_1 + 2x_2 + x_3 \leq 2$

$\qquad 0 \leq x_j \leq 1$, $j = 1, 2, 3$

を式 (5.8)，(5.9)，(5.11) により解けば

$\quad \bar{x}_1{}^* = 1$, $\bar{x}_2{}^* = 0.5$, $\bar{x}_3{}^* = 0$, $\lfloor \bar{z}^* \rfloor = 4$

を得る。②-1，②-2 がなりたたないのでステップ 3 へ。

③ $x_1 = 1,\ z_I = 3,\ b_s = 1,\ k = 2$
④ $x_2 = 0,\ k = 3$
③ $x_3 = 1,\ z_I = 4,\ b_s = 0,\ k = 4$
⑤ $\tilde{z} = 4,\ \tilde{x} = (1,\ 0,\ 1),\ \tilde{z} = \lfloor \bar{z}^* \rfloor = 4$
⑦ $z^* = \tilde{z} = 4,\ x^* = \tilde{x} = (1,\ 0,\ 1)$

ナップサック問題については，文献 25），67) に詳しく述べられている。

分枝限定法の VBA プログラムが CD-ROM，ファイル名 Knapsack.xls に入っている。このプログラムを用いて，［例題 5.1］を解く手順を説明する。

① CD-ROM の Knapsack.xls をダブルクリックする。すると図 3.3 のような警告がでるが，ここでは［マクロを有効にする］をクリックする。
② 候補となる品物の数が 3 個なので，図 5.1 に示されるように，品物の個数に 3 を入力し，ENTER キーを押す。
③ 図 5.2 の［リセット］ボタンを押す。
④ 各品物の容積，効用を入力する部分がクリアされる。必要なデータを入力すれば図 5.3 である。

図 5.1　品物の個数の入力（例題 5.1）

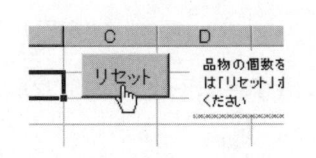

図 5.2　リセットボタン（例題 5.1）

図 5.3　品物の容積・効用の入力（例題 5.1）

⑤ ナップサックの容積を図 5.4 のように入力する。
⑥ 図 5.5 の［計算開始］ボタンを押す。
⑦ 図 5.6 の解答：個数の部分に解が表示される。

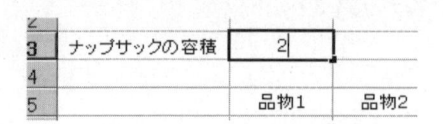

図 5.4 ナップサックの容積
の入力（例題 5.1）

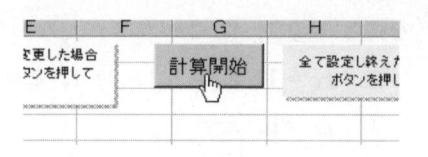

図 5.5 計算開始ボタン
（例題 5.1）

図 5.6 計算結果（例題 5.1）

5.4 混合整数計画問題とソルバー

ソルバーは，混合整数計画問題（問題 1.10）を解くこともできる。代表的な組合せ最適化問題の一つである巡回セールスマン問題は，1.2.8 項で示したように，混合整数計画問題（問題 1.9）として定式化される。本節では，ソルバーによる 1.2.8 項の［例題 1.3］の解法を説明する。

例題 5.2 図 1.2 にたいする巡回セールスマン問題

$$
\begin{align}
\text{最小化} \quad & z = \sum_{(i,j) \in A} c_{ij} y_{ij} \tag{5.19} \\
\text{制約条件} \quad & \sum_{j \in OUT(i)} y_{ij} = 1, \; i = 1, \cdots, 5 \tag{5.20} \\
& \sum_{h \in IN(n)} y_{hi} = 1, \; i = 1, \cdots, 5 \tag{5.21} \\
& x_i - x_j + 5 y_{ij} \leq 4, (i, j) \in A, \; i, j = 2, \cdots, 5 \tag{5.22} \\
& x_i \geq 0, \; i = 2, \cdots, 5 \\
& y_{ij} = 0 \text{ あるいは } 1, \; (i, j) \in A
\end{align}
$$

5.4.1 データの入力

データの入力では，整変数を意識することなく，3.9 節で述べた LP 問題にたいする手順に従って問題の係数を入力する。図 5.7 はデータの入力例で，2

5.4 混合整数計画問題とソルバー

	A	B	C	D	E	F	G	H	I	J	K	L	M	N	O	P	Q	R	S	T
1	決定変数	Y12	Y13	Y14	Y23	Y24	Y25	Y41	Y43	Y45	Y53	Y54	X2	X3	X4	X5				制約量
2	目的関数	3	2	4	2	2	1	1	3	1	1	1								
3	制約条件1	1	1	1																1
4	制約条件2				1	1	1													1
5	制約条件3							1	1	1										1
6	制約条件4										1	1								1
7	制約条件5																			1
8	制約条件6				1						1									1
9	制約条件7	1																		1
10	制約条件8		1			1						1								1
11	制約条件9			1				1												1
12	制約条件10						1			1										1
13	制約条件11				5								1	-1						4
14	制約条件12					5							-1	1						4
15	制約条件13						5						1		-1					4
16	制約条件14							5						1		-1				4
17	制約条件15								5						1	-1				4
18	制約条件16									5					1	-1				4
19	制約条件17										5			1		-1				4
20	制約条件18											5			-1	1				4
21																				
22	Y12	0			最小化		9													
23	Y13	0			制約条件1		1													
24	Y14	1			制約条件2		1													
25	Y21	1			制約条件3		1													
26	Y23	0			制約条件4		1													
27	Y32	1			制約条件5		1													
28	Y34	0			制約条件6		1													
29	Y35	0			制約条件7		1													
30	Y41	0			制約条件8		1													
31	Y43	0			制約条件9		1													
32	Y45	1			制約条件10		1													
33	Y53	1			制約条件11		3.1													
34	Y54	0			制約条件12		1.9													
35	X2	5.1			制約条件13		2													
36	X3	2			制約条件14		1													
37	X4	0			制約条件15		-2													
38	X5	1			制約条件16		4													
39					制約条件17		4													
40					制約条件18		1													

図 5.7 ソルバーへのデータ入力

行目が目的関数 (5.19) の係数，3 行目から 7 行目までが制約条件 (5.20) の係数，8 行目から 12 行目までが制約条件 (5.21) の係数，13 行目から 20 行目までが制約条件 (5.22) の係数にそれぞれ対応している．

変数（変化させるセル），目的関数および制約条件の式の記述も LP 問題と同じである．これらを入力し終えた段階では，変数の値の入るセルは空欄，目的関数や制約条件の値の入るセルはゼロとなっている．図では，これらのセルに数値が入っているが，それらは計算結果（解）である．

5.4.2 ソルバーの起動と設定

データを入力し終えると，3.9 節と同じ要領でソルバーを起動し，以下のように，目的セルなどを図 5.8 のパラメータ設定画面で設定する．

① 目的セル (E)：目的関数のセルを表示するダイアログボックスをクリックし，目的関数値を表示するワークシートのセルをクリックする．

② 目標値：[例題 5.2] は最小化問題なので [最小値 (N)] を選択する．

図 5.8 パラメータ設定画面

③ 変化させるセル（B）：変数の値を表示するすべてのセルをドラッグして入力する。

④ 制約条件（U）：このダイアログボックスをクリックした後，[追加(A)]ボタンをクリックして，制約条件を入力する。

これまでの操作は，LP問題の場合と変わるところはない。

5.4.3 整変数の設定

変数が整変数であることを制約条件に追加するために，[追加ボタン]をクリックする。**図 5.9** のダイアログボックスにおいて

① 左端のボックスに，整変数の値が入るセルをドラッグして選択
② 中央のボックスでは，[区間]を選択

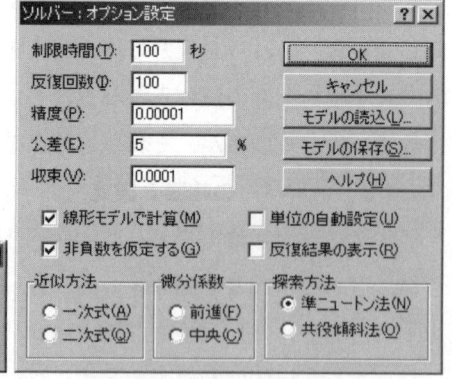

図 5.9 整変数の設定

図 5.10 オプション設定画面

すると，右端のボックスには，「整数」が自動的に入力されるので，[OK]ボタンをクリックする．また，0-1整変数であることを明確にするため，制約条件に「$B$22:$B$34＜＝1」を追加しておくことが大切である．

つぎに，[オプション (O)] ボタンをクリックして，**図5.10**のダイアログボックスの[線形モデルで計算 (M)]と[非負数を仮定する (G)]をチェックする．

5.4.4 ソルバーの実行

[実行] ボタンを押して実行すれば，図5.7に示される解が得られる．得られた結果から，最適な巡回路は $\{1 \to 4 \to 5 \to 3 \to 2 \to 1\}$ であり，最小の総所要時間は9であることがわかる．もし，初期値のせいで，「仮の解が見つかりません」というダイアログが出た場合は，[OK] ボタンを押し，もう一度ソルバーを実行すれば，図5.7に示される解が得られる．

巡回セールスマン問題については，文献79)にアルゴリズムに始まる広範囲な話題が述べられている．

5.5 メタヒューリスティクス

巡回セールスマン問題，スケジューリング問題，配送計画問題等々，ほとんどの実際的な組合せ最適化問題には，多項式時間アルゴリズムが存在しないものと予想されている．近年，**メタヒューリスティクス**（metaheuristics）と呼ばれる最適化手法が，これらの実際問題に盛んに応用されて成果をあげている．ここで**ヒューリスティクス**（heuristics）とは，特定の組合せ最適化問題のよりよい解を，実用的な時間内に発見することを目的とする，問題固有の性質を利用した**発見的アルゴリズム**（heuristic algorithm）である．

一方，メタヒューリスティクス〔ときに**モダン**（modern）**ヒューリスティクス**とも呼ばれる〕は，組合せ最適化問題のよりよい解を，特定の問題の性質に依存しない，より一般的な考え方に基づいて，実用的な時間内に発見することを目的とする手法である．

この節では，代表的なメタヒューリスティクスとしてアニーリング法（SA），タブー探索法（TS），遺伝アルゴリズム（GA）を取り上げ，それらの基本的な考え方を，組合せ最適化問題でも難しい問題とされている，配送計画問題への適用を通して説明する。そして5.5.4項で，VBAプログラムによる配送計画問題（例題1.4）の解法を説明する。なお，本節で説明するアルゴリズムはあくまでも基本的なものであり，さまざまな改良が提案されている。

地点1に配送基地があり，各地点 i, $i=2, \cdots, n$ の顧客に重量 w_i の荷物を最小の費用で配送したい。配送基地には積載容量 W の車両が必要な台数配備されており，これら車両による枝 $(i, j) \in A$ 間の配送費用 c_{ij} が与えられている。

問題は，積載容量を満たす範囲で，配送する顧客とその巡回路を，必要とする各車両に指示することである。$y_{ij}=1$（あるいは0）で車両が枝 (i, j) を通る（通らない）ことを表し，x_i で地点 i に着くまでに配送した総重量を表すことにすれば，配送計画問題（問題1.12）はつぎのように定式化される。

問題 5.5 配送計画問題

最小化 $\displaystyle z = \sum_{(i,j) \in A} c_{ij} y_{ij}$ \hfill (5.23)

制約条件 $\displaystyle \sum_{j \in OUT(i)} y_{ij} = 1, \ i = 2, \cdots, n$ \hfill (5.24)

$\displaystyle \sum_{j \in OUT(i)} y_{ij} - \sum_{h \in IN(i)} y_{hi} = 0, \ i = 2, \cdots, n$ \hfill (5.25)

$x_i + w_i - x_j \leq M(1 - y_{ij})$,
$(i, j) \in A, \ i = 2, \cdots, n$ \hfill (5.26)

$0 \leq x_i \leq W, \ i = 1, \cdots, n$ \hfill (5.27)

$y_{ij} = 0$ あるいは $1, (i, j) \in A$ \hfill (5.28)

ここで，M は十分大きな正数であり，$OUT(i)$ は地点 i から出る枝の行先集合を，$IN(i)$ は i へ入る枝の出先集合を表している。

配送計画問題にたいする基本的なヒューリスティクスは，**セービング法**（saving method）[9]である（**図5.11**）。この方法は，最初各顧客へ専用車両で配

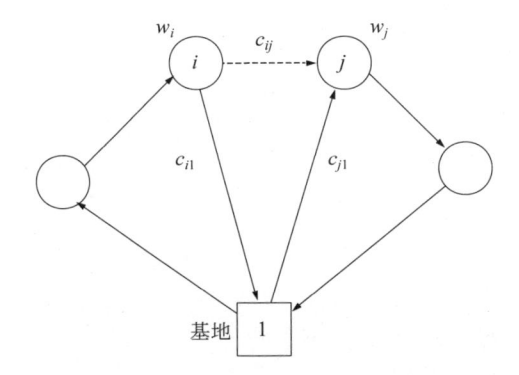

図 5.11 セービング法

送することから始まる。そして顧客 i, j を 1 台の車両で配送したときの節約量（セービング）

$$s_{ij} = (c_{1i} + c_{i1}) + (c_{1j} + c_{j1}) - (c_{1i} + c_{ij} + c_{j1})$$
$$= c_{i1} + c_{1j} - c_{ij} \tag{5.29}$$

を，すべての枝 $(i, j) \in A$ について計算する。ここで，A に属さない $(i, 1), (1, j)$ については M とおくものとする。そして，s_{ij} の大きい順から，積載容量の範囲で (i, j) をつなぎ，各車両にたいするルートを構成していくアルゴリズムである。

[**セービング法**] (5.30)

① すべての枝 $(i, j) \in A$ にたいして節約量 s_{ij} を式 (5.29) から計算し，大きいものから順にソートして並べる。$m = 1$ とおく。

② m 番目に大きな節約量 s_{ij} にたいして，枝 $(i, 1)$ で終るルートと枝 $(1, j)$ で始まるルートが存在し，それらの積載量の和が W 以下であれば，そのルートを枝 (i, j) でつなぎ，1 つのルートにする。

③ $m = m + 1$ とおき，m が枝の総数を超えれば停止。さもなければステップ 2 へ。

セービング法により得られる配送計画問題の解は，図 5.12 のように，各車両 $q = 1, \cdots, Q$ にたいするルート（巡回路）

$$R_q = (1, \ i_1, \ i_2, \cdots, \ i_L, \ 1)$$

の集まり

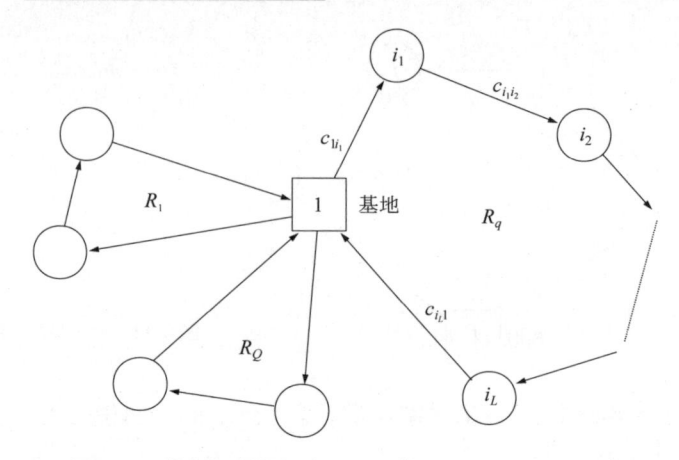

図 5.12 配送計画問題の解,$S = \{R_1, \cdots, R_q, \cdots, R_Q\}$

$$S = \{R_1, R_2, \cdots, R_Q\}$$

で与えられる。このときの総配送費用(5.23)を $F(S)$ で表せば,$F(S)$ はルート R_q の配送費用 $F(R_q)$ を用いて次式のように表すことができる。

$$F(S) = \sum_{q=1}^{Q} F(R_q) = \sum_{q=1}^{Q} \sum_{(i,j) \in R_q} c_{ij} \tag{5.31}$$

ここで $(i, j) \notin A$ にたいしては,$c_{ij} = M$ とおくものとする。

SA および TS は,この初期解 S の近傍 $N(S)$ を探索し,つぎの解 S' へ移り,その近傍 $N(S')$ を探索するという手順を反復する。

一方 GA は,自然淘汰による生物母集団(種)の進化過程と,組合せ最適化問題の目的関数が最小値へと収束する過程との類似性に着目し,生物母集団に対応した複数の解の進化を模擬する手順を反復する。

SA,TS,GA を含むメタヒューリスティクスが文献 49),69)に解説されており,GA の理論と広範囲な問題への応用が文献 12),26),38)〜41)に述べられている。

5.5.1 アニーリング法

アニーリング法(simulated annealing,ときに SA と略称される)は,Kirkpatrick ら[37]によって一般の組合せ最適化問題の解法として提案されたものであり,金属材料などを加熱した後,徐々に温度を下げて内部のひずみを取

り除く**焼なまし**（annealing）を模擬しており（simulate），**焼なまし法**とも呼ばれている．すなわちSAは，金属がエネルギーの高い溶解状態から冷却して，エネルギーの低い固体に至る過程と，組合せ最適化問題における目的関数が，非最適な大きな値から最適な最小値へと収束していく過程との類似性に基づいている．

SAは，高温の初期温度T_0における初期解S_0から出発し，その近傍$N(S_0)$からランダムに解S'を選び，以下に述べる手順で更新された解S_1を得る．すなわち$k=0, 1, 2, \cdots$にたいして，$(k+1)$回目の反復における温度T_kにおいて，解S_kの近傍$N(S_k)$からランダムに候補となる解S'が選ばれたものとする．このときもし

$$F(S') < F(S_k) \tag{5.32}$$

がなりたてば，S'はS_kより改善されており，無条件に$S_{k+1}=S'$と更新する．しかし

$$F(S') \geq F(S_k) \tag{5.33}$$

ならば，その温度T_kに依存した確率

$$P_k = \exp\left\{\frac{-\{F(S')-F(S_k)\}}{T_k}\right\} \tag{5.34}$$

で$S_{k+1}=S'$と更新し，確率$(1-P_k)$で更新せずに$S_{k+1}=S_k$とおく．これは高温状態にある反復の初期には，近傍の極小値にとらわれず，より広い解空間を探検する確率を大きくし，その後徐々に温度を下げて解空間を絞り込み，近傍にある最小値を探索することを目指している．

ここで，k回目の反復までに得られた総配送費用の最小値を$\tilde{F}$，それを与える解を$\tilde{S}$とおく．

温度T_kは，**冷却スケジュール**（cooling schedule）に従って決定され，通常$l=0, 1, \cdots$にたいして

$$T_k = a^l T_0, \qquad k = lL, \ lL+1, \cdots, (l+1)L-1 \tag{5.35}$$

で与えられる．ここで，Lはある温度で平衡状態になるのに必要な期間であり，aは$0<a<1$を満たす定数である．代表的な値としては，$L=100$，a

$= 0.95$ などである†。

配送計画問題における近傍 $N(S)$ を生成する代表的な手法は，λ-交換法[65]である。ここで λ は正整数であり，通常 $\lambda = 1$ あるいは 2 に設定される。まず，2 つのルート R_q, R_s を選び，おのおののルートで配送される顧客からたかだか λ 人を選んで，部分集合 N_q, N_s を構成する。そして，すべての枝がAに属し，積載量制約を満たせば，ルート R_q, R_s 間で N_q, N_s を交換する。N_q あるいは N_s は空集合でもよく，その際は R_q あるいは R_s のどちらかへ顧客が移動する。

SA では，ランダムに R_q, R_s を選び，$\lambda = 1$ とおいてつぎのどちらかをランダムに選択する。

a) 一方のルートから他方のルートへ 1 人の顧客を移動する。

b) 2 つのルート間で 1 人の顧客を交換する。

a) の場合，例えば R_q から顧客 3 を R_s へ移動させれば，**図 5.13** である。したがって，この移動による配送費用の増加は，R_q, R_s についておのおの

$$F(R_s') - F(R_s) = (1, 4) \text{ の間に 3 を挿入する費用} = c_{13} + c_{34} - c_{14}$$

$$F(R_q') - F(R_q) = (2, 3, 1) \text{ から 3 を削除する費用} = c_{21} - c_{23} - c_{31}$$

$$= -\{(2, 1) \text{ の間に 3 を挿入する費用}\}$$

である。そこで

$c_h(i, j)$：枝 (i, j) の間に h を挿入する費用

とおけば

$$c_h(i, j) = c_{ih} + c_{hj} - c_{ij} \qquad (5.36)$$

であり，図の移動による総配送費用の増加は

$$F(R_q') + F(R_s') - (F(R_q) + F(R_s)) = c_3(1, 4) - c_3(2, 1)$$

である。したがって，a) が選択された場合

$$R_q = (1, i_1, \cdots, i_L, 1), \quad R_s = (1, j_1, \cdots, j_M, 1)$$

とおけば，総配送費用の増加を最小にする R_q から R_s への顧客の移動は

---

† メタヒューリスティクスにおける各パラメータは，問題に応じて最適に調整する必要がある。

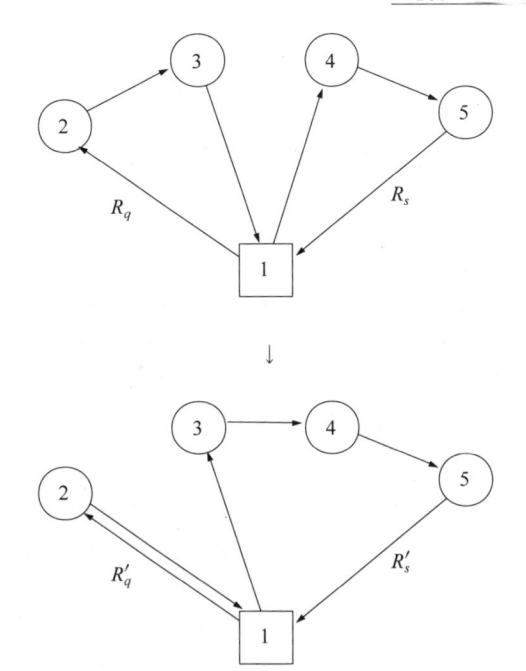

図 5.13 R_q から R_s への移動

$$\min_{l=1,\cdots,L} \min_{m=0,\cdots,M} \{c_{i_l}(j_m, j_{m+1}) - c_{i_l}(i_{l-1}, i_{l+1})\} \tag{5.37}$$

で与えられ，逆に，R_s から R_q への最適な顧客移動は

$$\min_{m=1,\cdots,M} \min_{l=0,\cdots,L} \{c_{j_m}(i_l, i_{l+1}) - c_{j_m}(j_{m-1}, j_{m+1})\} \tag{5.38}$$

で与えられる．ここで，$i_0 = i_{L+1} = j_0 = j_{M+1} = 1$ であり，$(i, j) \notin A$ にたいして $c_{ij} = M$ とおくものとする．ゆえに a ）が選択された場合，式(5.37)，(5.38)の値の小さいほうの移動が行われ

$$R_q' = (1, i_1', \cdots, i_{L\mp1}', 1), \quad R_s' = (1, j_1', \cdots, j_{M\pm1}', 1)$$

が選択される．

SA をさらに効率化するために，巡回路 R_q'，R_s' にたいして，巡回セールスマン問題における代表的なヒューリスティクスである 2-opt アルゴリズム[54]を適用し，巡回路を改善する．2-opt アルゴリズムは，巡回路 R_q' から 2 本の枝を取り除き，代わりに異なる 2 本の枝を導入してつなぎ直し，配送費用を低減する巡回路が得られる限り，その操作を繰り返すアルゴリズムである．

図 5.14 には，そのつなぎ直された一方向の巡回路が示されており，逆方向の巡回路も考慮する必要がある。2-opt アルゴリズムにより改善された巡回路を改めて R_q', R_s' とおき，$S' = (R_1, \cdots, R_q', \cdots, R_s', \cdots, R_q)$ にたいする $F(S')$ を式(5.31)から計算する。

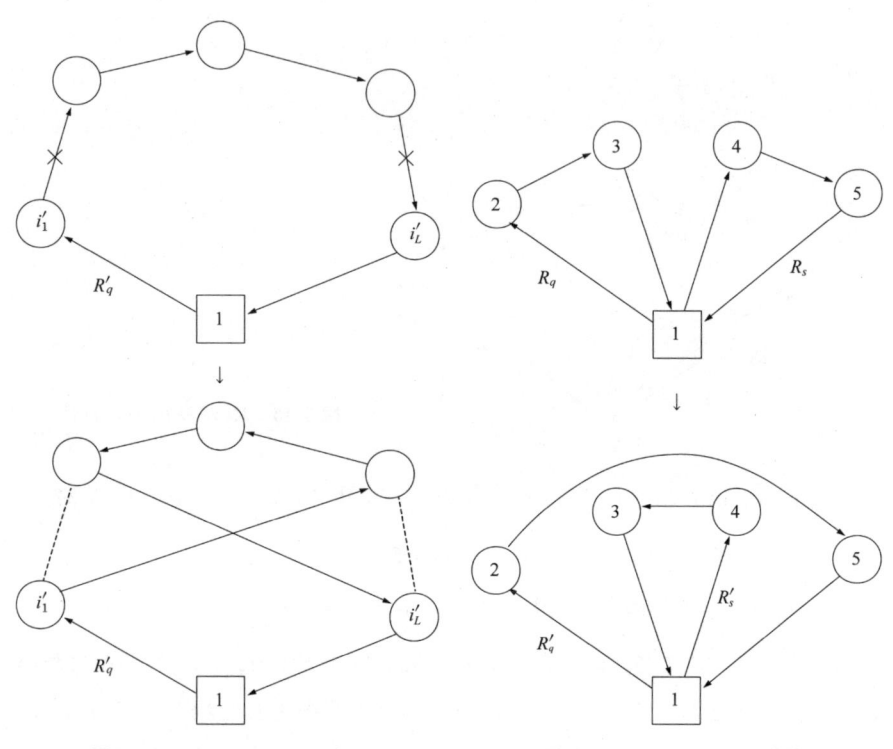

図 5.14　2-opt アルゴリズム　　　　図 5.15　R_q と R_s での交換

b)の場合，例えば R_q と R_s 間で顧客 3, 5 を交換すれば，図 5.15 である。したがって，この交換による配送費用の増加は，式(5.36)より

$$F(R_q') + F(R_s') - \{F(R_q) + F(R_s)\}$$
$$= c_5(2, 1) - c_3(2, 1) + c_3(4, 1) - c_5(4, 1)$$
$$= c_{25} - c_{23} + c_{43} - c_{45}$$

である。b)が選択された場合，R_q と R_s で総配送費用を最小にする 1 人の顧客の交換は

$$\min_{l=1,\cdots,L} \min_{m=1,\cdots,M} \{c_{jm}(i_{l-1},\ i_{l+1}) - c_{i_l}(i_{l-1},\ i_{l+1}) + c_{i_l}(j_{m-1},\ j_{m+1})$$
$$- c_{jm}(j_{m-1},\ j_{m+1})\} \tag{5.39}$$

で与えられ

$$R_q' = (1,\ i_1',\ \cdots,\ i_L',\ 1),\ R_s' = (1,\ j_1',\ \cdots,\ j_M',\ 1)$$

が選択される。そしてa)同様，巡回路 R_q'，R_s' が 2-opt アルゴリズムにより改善され，S' にたいする $F(S')$ が式(5.31)から計算される。

停止基準も，総配送費用 $F(S_k)$ の改善が $\bar{L}$ 回の反復の間行われなければ停止するなど，種々提案されているが，ここでは簡単に終了温度 T_f に達したときに停止することにする。このとき得られる $\tilde{S}$ は必ずしも最適解ではないが，よい解であるので，**準最適解** (suboptimal solution) と呼ぶことにする。以上をまとめれば，SA アルゴリズムを得る。

[**SA アルゴリズム**] (5.40)

① 初期解 S_0 をセービング法(5.30)により求める。初期温度 T_0，終了温度 T_f，L，a の値を設定し，$k=0$，$\tilde{S}=S_0$，$\tilde{F}=F(S_0)$ とおく。

② 近傍 $N(S_k)$ に属する S' を式(5.37)〜(5.39)および 2-opt アルゴリズムを用いて生成し，$F(S')$ を式(5.31)から計算する。

③ 式(5.32)がなりたてば，$S_{k+1}=S'$ とおく。さらに，$F(S')<\tilde{F}$ がなりたてば，$\tilde{S}=S'$，$\tilde{F}=F(S')$ とおく。

④ 式(5.33)がなりたち，式(5.34)の $P_k \geq \theta$ ならば $S_{k+1}=S'$ とおき，$P_k < \theta$ ならば $S_{k+1}=S_k$ とおく。ここで θ は $[0,\ 1]$ 上の一様乱数である。

⑤ 冷却スケジュール(5.35)により T_{k+1} を定める。

⑥ 終了温度 T_f に達したならば停止。$\tilde{S}$ が準最適解であり，$\tilde{F}$ が最小総配送費用の近似値を与える。さもなければ，$k=k+1$ とおいてステップ2へ。

SA は多くの問題にたいして，近傍を工夫すれば実用的に優れた解法であることが知られてきた。SA が確率1で最適解へ収束するための冷却スケジュールの必要十分条件が Hajek[24]により導かれているが，実用的とはいえない。

5.5.2 タブー探索法

タブー探索法（tabu search，略して TS）は，Glover[18]によって最適化問題の解法として提案されたものであり，SA が近傍 $N(S_k)$ からランダムに候補となる解 S' を選ぶのに対し，TS は通常，近傍 $N(S_k)$ すべてを探索して得られる最良解として S_{k+1} を選択する。この際，$N(S_{k+1})$ の最良解が S_k となれば，循環が発生する。

TS では，このような循環を避けるために，これまでの解を何期間か**タブーリスト**（tabu list）として保持し，以前の解に戻ることがないよう探索候補から除外している。しかしこれには，多くの記憶容量とチェックのための計算時間が必要となるため，解の特性の一部分だけをタブーリストに保持することが行われている。

TS では，近傍が広大となり，すべてを探索することが困難な場合には，近傍の部分集合を候補集合として抜き出し，そこを探索することが行われる。あるいは，もとの近傍を探索し，基準を満たした解がみつかりしだい，それを選択することも行われる。さらに，Glover[19],[20]は TS の概念を拡張し，他のメタヒューリスティクスとの結合を提案しているが，これについては文献 69) 第 3 章を参照されたい。

TS における近傍の生成手法としては，SA 同様 λ-交換法[65]を用い，$\lambda = 1$ とおく。したがって，S_k においてすべてのルートの組合せ R_q, R_s にたいして

a) 一方のルートから他方のルートへ 1 人の顧客を移動する。

b) 2 つのルート間で 1 人の顧客を交換する。

を考え，タブーリストを考慮して，配送費用の増加を最小化する移動あるいは交換により，S_{k+1} を決定する。すなわち，すべてのルートの組合せ R_q, R_s にたいして，タブーリストを考慮して式(5.37)〜(5.39)を計算し，その最小値を与える巡回路

$$R_q' = (1, i_1', \cdots, i_L', 1), \quad R_s' = (1, j_1', \cdots, j_M', 1) \tag{5.41}$$

を決定する。さらに，2-opt アルゴリズム[54]により R_q', R_s' を改善し，改善

された巡回路を改めて R_q', R_s' とおいて，$S_{k+1} = (R_1, \cdots, R_q', \cdots, R_s', \cdots, R_Q)$ にたいする $F(S_{k+1})$ を式(5.31)から計算する．そして

$$F(S_{k+1}) < F(\tilde{S}) \tag{5.42}$$

ならば $\tilde{S} = S_{k+1}$, $\tilde{F} = F(S_{k+1})$ とおく．

タブーリストには，S_{k+1} ではなく，式(5.41)を与える車両番号 q, s と，顧客集合 $N_q = \{i\}$ あるいは ϕ（空集合），$N_s = \{j\}$ あるいは ϕ を保持する．そして，タブーリストの長さ L の反復の間，i が R_q に戻ることも，j が R_s に戻ることもタブーとして禁止する．すなわち式(5.37)〜(5.39)を計算するとき，これらを候補から除外する．

停止基準としては，現在までの最良解 $\tilde{S}$, $\tilde{F}$ が MAX 回の反復の間改善されなければ停止することにする．以上をまとめれば，TSアルゴリズムを得る．

[**TS アルゴリズム**] (5.43)

① 初期解 S_0 をセービング法(5.30)により求める．タブーリストの長さ L を定め，タブーリストを初期化して $k=0$, $\tilde{S} = S_0$, $\tilde{F} = F(S_0)$ とおく．

② 近傍 $N(S_k)$ を，タブーリストを考慮して探索する．すなわち，すべてのルートの組合せ R_q, R_s にたいして，タブーリストを考慮して式(5.37)〜(5.39)を計算し，その最小値を与える巡回路(5.41)を決定する．さらに，2-optアルゴリズムにより改善し，S_{k+1} を定めて $F(S_{k+1})$ を式(5.31)から計算する．S_k から S_{k+1} への移動を考慮してタブーリストを更新する．

③ 式(5.42)がなりたてば，$\tilde{S} = S_{k+1}$, $\tilde{F} = F(S_{k+1})$ とおく．

④ 停止基準を満たしていれば停止．$\tilde{S}$, $\tilde{F}$ が準最適解および最小総配送費用の近似値を与える．さもなければ $k = k+1$ とおいてステップ2へ．

ステップ2では，タブーリストを考慮して近傍 $N(S_k)$ を探索しなければならず，すべてのルートの組合せ $Q(Q-1)/2$ 対にたいして，式(5.37)〜(5.39)を計算しなければならない．しかし，k から $k+1$ へ反復が進むとき変化するルートは2個であり，それ以外のルートは変化しないので，この性質をうまく利用する必要がある．

5.5.3 遺伝アルゴリズム

遺伝アルゴリズム（genetic algorithm，略して GA）は，自然淘汰による生物進化の模擬に基づいており，生物母集団に対応した複数の解を同時にとり扱う。すなわち，それらの解の遺伝子表現にたいして交叉と突然変異を施し，生物が世代を経て進化する過程と目的関数が最小値へ収束する過程との類似性に着目し，進化過程を模擬した手順を反復する。

GA の歴史は，Holland[26]による適応システムの研究にさかのぼり，**染色体**（chromosome）の交叉と突然変異による，生物母集団における形質の増殖および短い遺伝子パターンを持つ形質の指数的増殖を示している。

その後，Goldberg[22]が GA の理論と枠組みを整理している。

遺伝学では，遺伝子のパターンを表す**遺伝子型**（genotype）と外部に形質として現れる**表現型**（phenotype）を区別して用いている。GA においても，各個体にたいして遺伝子型と表現型を用いる。この際，表現型が問題に依存して定まる解を表すのは自然であるが，遺伝子型をどう与えるかは GA の性能を左右する重要な問題であり，通常コード化された文字列で与えている。そして，文字を**遺伝子**（genes），文字列中の遺伝子の占める位置を**遺伝子座**（locus），同じ遺伝子座を占めることができる遺伝子を**対立遺伝子**（allele）と呼んでいる。

配送計画問題では，各個体の表現型は $S = \{R_1, R_2, \cdots, R_Q\}$ であるが，遺伝子型 T を以下では，顧客番号 $2 \sim n$ を並べた文字列で与えることにする。したがって，遺伝子型の長さは，顧客数 $n-1$ である。例えば，$n = 10$ の場合の遺伝子型の例をあげれば

$$T = (4\ 8\ 2\ 10\ 5\ 3\ 9\ 6\ 7)$$

であり，顧客 10 の遺伝子座は 4 である。この遺伝子型 T にたいする表現型 S は，つぎの手順で定められる。

［遺伝子型 T から表現型 S への変換］ (5.44)

① 遺伝子座 1 の顧客から順に A の枝に属し，積載容量を満たす範囲で車両 1 に顧客を割り当てる。車両 $2, \cdots, Q$ にたいしても，残った顧客から

遺伝子座の順にAの枝に属し，積載容量を満たす範囲ですべての顧客を順番に割り当てる．

② 各車両の巡回路 $R_q = (1, i_1, i_2, \cdots, i_L, 1)$, $q = 1, \cdots, Q$ を，2-optアルゴリズム[54]を用いて定める．

例えば，上記のTにたいして，車両の積載容量を $W = 5$ とおき，偶数の顧客 $i = 2, 4, 6, 8, 10$ にたいする $w_i = 2$，奇数の顧客 $i = 3, 5, 7, 9$ にたいする $w_i = 1$ とおく．ステップ1から，各車両1，2，3へおのおの顧客 $\{4, 8\}, \{2, 10, 5\}, \{3, 9, 6, 7\}$ が割り当てられる．ステップ2で2-optアルゴリズムを用いれば，データを省略するが，$R_1 = (1, 8, 4, 1)$, $R_2 = (1, 2, 5, 10, 1)$, $R_3 = (1, 3, 7, 6, 9, 1)$ と定められる．したがって

$$S = \{(1, 8, 4, 1), (1, 2, 5, 10, 1), (1, 3, 7, 6, 9, 1)\}$$

である．

M 個の個体からなる**生物母集団** (population) を考え，世代 k，$k = 0, 1, 2, \cdots$ における母集団 $P(k)$ が，遺伝子の変異を経て，つぎの世代 $k+1$ における $P(k+1)$ に変化する．このような世代交代が繰り返され，生物母集団が進化するものと考える．そのためには，式(5.31)で与えられる配送費用 $F(S)$ の小さい個体が子孫を残すほうが望ましい．

GAでは，母集団 $\{T_1, T_2, \cdots, T_M\}$ における各個体 m にたいして，その**適合度** (fitness) f_m を定義し，親となる個体および次世代に生き残る個体の選択に用いる．したがって，適合度は T_m の表現型 S_m にたいして，$F(S_m)$ が減少すれば増大する性質を持たなければならない．

以下では，適合度を

$$f_m = \alpha \times \min_{1 \leq m \leq M} F(S_m) + \max_{1 \leq m \leq M} F(S_m) - F(S_m) \tag{5.45}$$

で定義する．ここで，パラメータ $\alpha (\geq 0)$ の値が大きくなるほど，$F(S_m)$ の大きな個体が生き残り，母集団の多様性が保たれる．

母集団 $P(k)$ から $P(k+1)$ への遺伝子の変異は，つぎの**遺伝演算子** (genetic operator) を用いて行われる．

a） **選択** (selection)：母集団 $P(k)$ に属する各個体 m, $m = 1, \cdots, M$ にたいして，その適合度 f_m に応じて，親になる個体および次世代に残す個体を選択する。

b） **交叉** (crossover)：母集団 $P(k)$ 内の個体から選択された親となる個体にたいし，交叉率 P_c, $0 \leq P_c \leq 1$ で親の遺伝子列を部分的に入れ換えた子を生成し，確率 $(1 - P_c)$ で子を生成しない。

c） **突然変異** (mutation)：各個体について，突然変異率 P_m, $0 \leq P_m \leq 1$ で，各遺伝子座の遺伝子を他の対立遺伝子と入れ換える。

これら遺伝演算子にたいしては，交叉を中心にさまざまな手順が提案されているが，以下ではつぎの手順を採用する。

a） 選択：ルーレット戦略とエリート戦略を併用する。

b） 交叉：2点交叉 **PMX** (partially mapped crossover) を用いる。

c） 突然変異：ランダムに選んだ2つの遺伝子座を交換する。

a） ルーレット戦略とはルーレットを個体 m の適合度 f_m に比例した領域に分割し，親となる個体および次世代へ生き残る個体の選択に用いる。適合度の総和に対する各個体の割合が選択確率となり，適合度の低い個体が選ばれる可能性を持つ一方，よい個体が消滅することも容易に起こりうる。

また，エリート戦略とは，探索の過程でよい個体が発見されたとしても，交叉や突然変異により容易に失われるので，各世代の母集団の中で最大の適合度を持つ個体は，無条件にそのまま次世代に残す手順である。

b） Goldberg and Lingle[21]によるPMXは，2点交叉を基本とする，遺伝子の出現順序をできるだけ保存しようとする交叉演算子である（図5.16）。遺伝子型を一般に $T = (t_1 \quad t_2 \quad \cdots \quad t_{n-1})$ とおき，2人の親XおよびYの遺伝子型をそれぞれ T^X および T^Y とおく。PMXによる2人の子 X' および Y' の生成手順は，以下で与えられる。

[**PMXによる交叉**] (5.46)

① 交叉点を2点ランダムに選ぶ。以下，交叉点を i 番目および j 番目の遺伝子座の直後とする。

5.5 メタヒューリスティクス

Step 1 :
$$T^X = (\ 9\ \ 4\ \ 2\ |\ 5\ \ 8\ \ 6\ |\ 7\ \ 3\ \ 10\ )$$
$$T^Y = (\ 5\ \ 6\ \ 3\ |\ 4\ \ 7\ \ 10\ |\ 2\ \ 8\ \ 9\ )$$

交叉点は i と j の位置にある.

Step 2 :
$$T^{X'} = (\ 9\ \ 4\ \ 2\ |\ 5\ \ 8\ \ 6\ |\ 7\ \ 3\ \ 10\ )$$
$$T^{Y'} = (\ 5\ \ 6\ \ 3\ |\ 4\ \ 7\ \ 10\ |\ 2\ \ 8\ \ 9\ )$$

Step 3 :
1) X' の生成
$$T^Y = (\ 5\ \ 6\ \ 3\ |\ 4\ \ 7\ \ 10\ |\ 2\ \ 8\ \ 9\ )$$
$$T^{X'} = (\ 9\ \ 4\ \ 2\ |\ 5\ \ 8\ \ 6\ |\ 7\ \ 3\ \ 10\ )$$
$$\downarrow$$
$$T^{X'} = (\ 9\ \ 5\ \ 2\ |\ 4\ \ 7\ \ 10\ |\ 8\ \ 3\ \ 6\ )$$

2) Y' の生成
$$T^X = (\ 9\ \ 4\ \ 2\ |\ 5\ \ 8\ \ 6\ |\ 7\ \ 3\ \ 10\ )$$
$$T^{Y'} = (\ 5\ \ 6\ \ 3\ |\ 4\ \ 7\ \ 10\ |\ 2\ \ 8\ \ 9\ )$$
$$\downarrow$$
$$T^{Y'} = (\ 4\ \ 10\ \ 3\ |\ 5\ \ 8\ \ 6\ |\ 2\ \ 7\ \ 9\ )$$

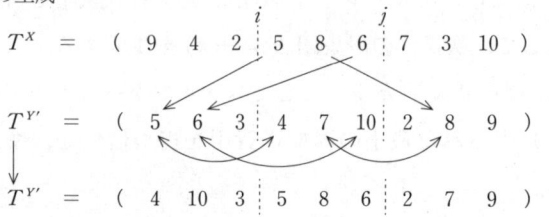

図 5.16 PMX による交叉

② 親の遺伝子をそれぞれ子にコピーする.すなわち, $t_k^{X'} = t_k^X$, $t_k^{Y'} = t_k^Y$, $k = 1, \cdots, n-1$ である.

③ 交叉点に挟まれた部分 $p = i+1, \cdots, j$ にたいして $t_p^Y = t_q^X$ となる q を求め, $t_p^{X'}$ と $t_q^{X'}$ を交換する.同様に, $t_p^X = t_r^Y$ となる r を求め, $t_p^{Y'}$ と $t_r^{Y'}$ とを交換する.

c) 突然変異は,各個体にたいし,ランダムに選んだ2つの遺伝子座の遺

$$T = (\ 3\ \ 8\ \ 2\ \ 10\ \ 5\ \ 4\ \ 9\ \ 6\ \ 7\ )$$
交換
$$T' = (\ 3\ \ 4\ \ 2\ \ 10\ \ 5\ \ 8\ \ 9\ \ 6\ \ 7\ )$$

図 5.17 突然変異

伝子を交換する（図5.17）。

[GAアルゴリズム] (5.47)

① ランダムにM個の個体を生成して初期母集団$P(0)$をつくり，(5.44)により表現型への変換を行い，適合度f_mを式(5.45)から計算する．終了世代数K_f，交叉率P_c，突然変異率P_mを設定し，世代$k=0$とおく．ここで，$0 \leq P_c$，$P_m \leq 1$である．

② 母集団$P(k)$にたいして定められた回数，ルーレット戦略により2人の親を決定し，交叉率P_cでPMXによる交叉(5.46)を実行する．母集団$P(k)$と交叉により生成された子をあわせた母集団を$P(k)'$とおく．

③ 母集団$P(k)'$内の各個体にたいし，突然変異率P_mで突然変異を行い，$P(k)''$を生成する．

④ 母集団$P(k)''$内の各個体mにたいし，(5.44)により表現型への変換を行い，適合度f_mを式(5.45)から計算する．

⑤ 母集団$P(k)''$にたいしてルーレット戦略とエリート戦略を併用し，M個の個体を選択して，次世代の母集団$P(k+1)$を生成する．

⑥ もし，$k \leq K_f$ならば$k=k+1$としてステップ2へ．そうでなければ終了．これまでに得られた最小の総配送費用を持つ個体を，準最適解$\tilde{S}$として出力する．

5.5.4 VBAプログラム

アニーリング法のVBAプログラムがCD-ROM，ファイル名SA.xlsに，タブー探索法のVBAプログラムがファイル名TS.xlsに，遺伝アルゴリズムのVBAプログラムがファイル名GA.xlsにそれぞれ入っている．以下，SA.xlsを用いて配送計画問題（例題1.4）を解く手順を説明する．

① CD-ROMのSA.xlsをダブルクリックする．すると図3.3のような警告がでるが，ここでは［マクロを有効にする］をクリックする．

② 配送基地（地点1）を含めて地点数が10点であり，図5.18の地点数に10を入力し，ENTERキーを押す．

③ 最大積載量が30であり，図5.19の最大積載量に30を入力し，

ENTER キーを押す。

④ 図 5.20 の［リセット］ボタンを押す。

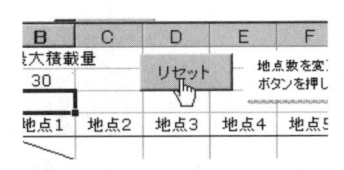

図 5.18　SA.xls：
地点数の入力

図 5.19　SA.xls：
最大積載量の入力

図 5.20　SA.xls：
リセットボタン

⑤ 地点間の重量および配送費用を入力する部分が，図 5.21 のようにクリアされる。

図 5.21　SA.xls：入力部分のクリア

⑥ 必要なデータを入力する。たとえば，地点 1-3 間の配送費用は 2 であるからセル D5 に 2 を入力し，ENTER キーを押せば図 5.22 である。

⑦ 残りの値についても同様に入力すれば，図 5.23 である。

⑧ 図 5.24 の［計算開始］ボタンを押す。

⑨ 各車両の配送経路と費用の結果が，ワークシート「結果」に図 5.25 のように表示される。

5. 組合せ最適化

	A	B	C	D	E	F
1	地点数	最大積載量		リセット		地点数を変更した場
2	10	30				ボタンを押してくださ
3						
4		地点1	地点2	地点3	地点4	地点5
5	地点1			2		
6	地点2					
7	地点3					
8	地点4					
9	地点5					

図 5.22　SA.xls：配送費用の入力

	A	B	C	D	E	F	G	H	I	J	K
	地点数	最大積載量		リセット	地点数を変更した場合は「リセット」			計算開始			全て設定し終え
	10	30			ボタンを押してください						ボタンを押し
		地点1	地点2	地点3	地点4	地点5	地点6	地点7	地点8	地点9	地点10
地点1			3	2	4	5	4	3	3	5	4
地点2		2		2		4				2	
地点3		3	1		1	3					
地点4		1		1		1	6				
地点5		4	3	1	1						
地点6		2			5			4		3	
地点7		2					2			2	
地点8		1	1					2		3	2
地点9		3				3	2	4			
地点10		5	3						3		
重量			6	5	6	7	6	7	4	8	7

図 5.23　SA.xls：重量および地点間の配送費用の入力

図 5.24　SA.xls：計算開始ボタン

	A	B	C	D	E	F	G	H	I	J
1	車両No	最大積載量	残り積載量	配送費用	経路					
2	車両1	30	12	7	1	3	5	4	1	
3	車両2	30	9	10	1	7	9	6	1	
4	車両3	30	13	9	1	2	10	8	1	
5	合計	90	34	26						
6										

図 5.25　SA.xls：計算結果

6. 非線形計画法

6.1 はじめに

非線形計画問題（nonlinear programming problem）は，目的関数あるいは制約条件のいずれかが線形でない数理計画問題であり，その問題を解く手法が**非線形計画法**（nonlinear programming, 略してNP）である。しかし，線形な制約条件のもとで2次関数を最大（あるいは最小）化する解法は，特に**2次計画法**（quadratic programming, 略してQP）と呼ばれ，NPとは区別されている。

このようにNPは，目的関数などに解法を容易にする特別な条件を仮定しない数理計画問題を取り扱うわけであり，本質的な困難さを内包している。LP同様，制約条件を満たす解のうちで，目的関数を最大にするものを最適解と呼ぶが，一般的な目的関数にたいしてそれを求めることは容易ではない。

例えば，地球上において標高を最大にする点を求めるとき，東京を出発点にして標高だけの情報でどうしてエベレストにたどり着けるであろうか。せいぜい富士山にたどり着ければ正解としなければならないであろう[63]。

このように，その点の周辺で目的関数を最大（あるいは最小）にする点を局所最適解と呼び，NPの目的はこの局所最適解を求めることである†。

最適化問題にたいする解析的手法の研究は，17世紀におけるP.de Fermatの極大・極小の問題，I. Newton, G. W. Leibnizの微分積分法の発見にまで遡るものと思われる。局所最適解の必要条件として，その点で勾配が0になる

---

† 近年，目的関数になんらかの条件を付加した問題の，大域的最適解を求める研究が盛んに行われている。例えば，文献28)を参照されたい。

ことはよく知られている。また，等式制約条件のもとで，目的関数を最小（あるいは最大）化する問題も古くから研究されており，Lagrange の未定係数法（乗数法とも呼ばれる）として有名である。最小化問題の解法としては，目的関数の値が減少する方向に解を改善する**勾配法**（gradient method）も，19世紀中頃の A. L. Cauchy 以来知られている。

これらは NP の古典的な成果であるが，H. W. Kuhn と A. W. Tucker[51]は 1951 年，不等式制約条件のもとでの最小化問題を研究し，**キューン・タッカー条件**として知られる必要条件を導いている。同等な条件がすでに 1939 年に，W. Karush[35]により得られていたことが明らかになっているが，NP の現代理論はこの条件をもって始まるとしてよいであろう。

以後，最適性に関する種々の条件が明らかとなり，数値解法としても **SUMT**（sequential unconstrained minimization technique），**乗数法**（multiplier method），**射影法**（projection method），**逐次2次計画法**（sequential quadratic programming method），**主双対内点法**（primal-dual interior point method）などのさまざまなアルゴリズムが提案されてきた。詳細は，文献 16)，44)，78) を参考にされたい。

本章では，非線形計画問題(制約付き最適化問題)(問題 1.13) を取り扱う。

|問 題| **6.1 制約付き最適化問題**

最小化　　　$z = f(x_1, x_2, \cdots, x_n)$ 　　　　　　　　　(6.1)

制約条件　　$g_i(x_1, x_2, \cdots, x_n) \leq 0, \; i = 1, \cdots, m_1$ 　　(6.2)

　　　　　　$g_i(x_1, x_2, \cdots, x_n) = 0, \; i = m_1 + 1, \cdots, m$ 　(6.3)

しかし，勾配法はつぎの制約なし最適化問題にたいするアルゴリズムである。

|問 題| **6.2 制約なし最適化問題**

最小化　　　$z = f(x_1, x_2, \cdots, x_n)$ 　　　　　　　　　(6.1)

ここで，式(6.1)〜(6.3)における関数はすべて 2 回連続微分可能，すなわち各

変数につき2回偏微分可能であり，2階偏導関数が連続であるものとする。

このように，NPは必然的に勾配ベクトル，ヘッセ行列等微分と行列を用いなければならず，とりあえず最適解が知りたい読者にとっては負担であろう。

そこでまず，6.2節で制約付き最適化問題（問題6.1）にたいするソルバーによる解法を述べる。次いで6.3節で，ソルバーにおけるオプションの指定項目になっている準ニュートン法と共役勾配法を説明する。最初に，制約なし最適化問題にたいする古典的な勾配法とニュートン法を述べ，それらの欠点を克服したアルゴリズムとして，準ニュートン法と共役勾配法を導入する。

6.4節では，制約付き最適化問題を取り扱い，最適解の必要条件であるカルーシュ・キューン・タッカー条件を説明する。次いで，ソルバーでは一般化簡約勾配法が採用されているが，より効率的なアルゴリズムとして逐次2次計画法を紹介する。

6.2 非線形計画問題とソルバー

本節では，制約付きローゼンブロック問題（例題1.5）を具体例として，ソルバーを用いた制約付き最適化問題（問題6.1）の解法を説明する。

例題 6.1 制約付きローゼンブロック問題

最小化　　$f(x_1, x_2) = 100(x_2 - x_1^2)^2 + (1 - x_1)^2$ 　　(6.4)

制約条件　　$x_1 + x_2 \leq 1$ 　　(6.5)

ここで，目的関数(6.4)は**ローゼンブロック関数**（Rosenbrock's function）と呼ばれている。特に，制約条件(6.5)を持たない問題は**制約なしローゼンブロック問題**と呼ばれるが，$x_1 = x_2 = 1$で最小値0をとることは明らかである。

6.2.1 データの入力

図6.1はデータの入力例である。セルB5にx_1の値が，セルB6にx_2の値が求められるが，初期値として0を入力しておく。セルE5は目的関数(6.4)であり，図に示されるように，「＝100＊(B6−B5∧2)∧2+(1−B5)∧2」と

164　　6. 非 線 形 計 画 法

```
E5         =  =100*(B6-B5^2)^2+(1-B5)^2
    A      B     C      D      E      F      G
1          x₁    x₂    制約量
2  制約条件  1     1            1
3
4
5  x₁       0           最小化   1
6  x₂       0           制約条件  0
```

図 6.1　データの入力（例題 6.1）

入力されている。また，セル E6 は制約条件 (6.5) であり，「＝B2＊B5＋C2＊B6」と入力されている。

変数（変化させるセル），目的関数および制約条件の式の記述は，3.9 節で述べた線形計画問題と同じである。

6.2.2　ソルバーの起動と設定

データを入力し終えると，3.9 節の線形計画問題同様，ソルバーを起動して，図 6.2 のように目的セルなどを設定する。

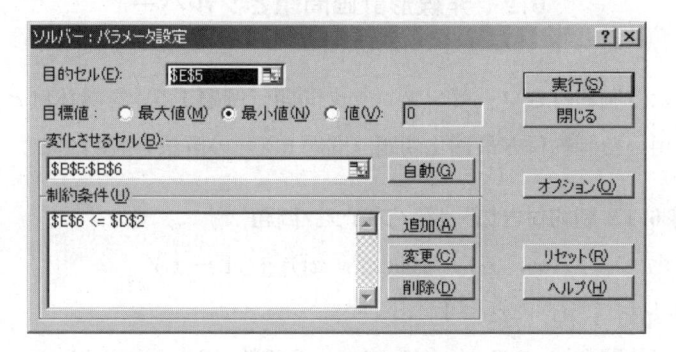

図 6.2　パラメータ設定画面（例題 6.1）

① 目的セル（E）：目的関数のセルを表示するダイアログボックスをクリックし，目的関数値を表示するワークシートのセル（この例では E5）をクリックする。

② 目標値：［例題 6.1］は最小化問題なので，［最小値（N）］を選択する。

③ 変化させるセル（B）：変数の値を表示するすべてのセル（この例では

セル B5〜B6) をドラッグして入力する。

④ 制約条件 (U)：制約条件の [追加] ボタンをクリックし，「$E$6<=$D$2」と設定する。

6.2.3 非線形計画問題の設定

非線形計画問題であることを指示するために，[オプション] ボタンをクリックする。**図 6.3** のダイアログボックスにおいて

① [線形モデルで計算] のチェックボックスをオフにする
② 近似方法は [二次式] を選択
③ 微分係数は [中央] を選択
④ 探索方法は [準ニュートン法] を選択

し，[OK] ボタンをクリックする。

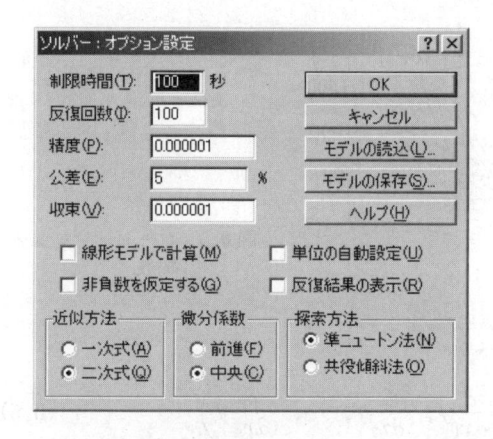

図 6.3 オプション設定画面（例題 6.1）

6.2.4 ソルバーの実行

以上の設定を行った後，[実行] ボタンをクリックする。「最適解が見つかりました」のダイアログが出るので，[OK] ボタンをクリックすると，セル B5，B6 に解が記入される。最適解は $x_1 = 0.6188$，$x_2 = 0.3812$ であり，最小値は 0.145607 である（**図 6.4**）。

	A	B	C	D	E
1		x₁	x₂	制約量	
2	制約条件	1	1	1	
3					
4					
5	x₁	0.6188		最小化	0.145607
6	x₂	0.3812		制約条件	1
7					

図 6.4　計算結果
　　　　（例題 6.1）

6.3　制約なし最適化問題

制約なし最適化問題（問題 6.2）の例として，制約なしローゼンブロック問題を考える．ローゼンブロック関数〔式(6.4)〕のグラフが，**図 6.5** に示されている．

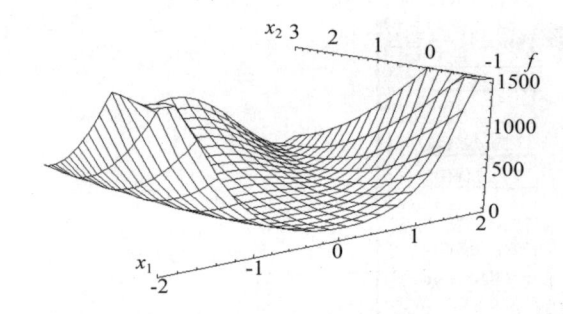

図 6.5　ローゼンブロック関数

目的関数値の増減は勾配ベクトル

$$\nabla f(x_1, x_2, \cdots, x_n) = \left(\frac{\partial}{\partial x_1}f, \frac{\partial}{\partial x_2}f, \cdots, \frac{\partial}{\partial x_n}f\right)^T \tag{6.6}$$

で知ることができる．ここで，T は転置を表し，以下 3.6〜3.8 節同様，すべてのベクトルを列（縦）ベクトルにとる．例えば，ローゼンブロック関数の勾配ベクトルは，2 次元ベクトル $\bm{x} = (x_1, x_2)^T$ にたいして

$$\nabla f(\bm{x}) = (2(200x_1^3 - 200x_1x_2 + x_1 - 1), 200(x_2 - x_1^2))^T \tag{6.7}$$

であり，原点 $(0, 0)$ では $\nabla f(\bm{0}) = (-2, 0)^T$，点 $(1, 1)$ では $\nabla f(1, 1) = (0, 0)^T$，点 $(2, 4)$ では $\nabla f(2, 4) = (2, 0)^T$ である．さらに，勾配ベクトルの増減は $n \times n$ 行列の**ヘッセ行列**（Hessian matrix）

6.3 制約なし最適化問題

$$\nabla^2 f(\boldsymbol{x}) = \left(\frac{\partial^2}{\partial x_i \partial x_j} f(\boldsymbol{x})\right) \tag{6.8}$$

で知ることができる．ここでヘッセ行列を表すため，その i 行 j 列成分が表示されている．例えば，ローゼンブロック関数の場合

$$\nabla^2 f(\boldsymbol{x}) = \begin{pmatrix} 2(600x_1^2 - 200x_2 + 1) & -400x_1 \\ -400x_1 & 200 \end{pmatrix} \tag{6.9}$$

である．このように2回連続微分可能であれば，ヘッセ行列の i 行 j 列成分と j 行 i 列成分は等しくなり，ヘッセ行列は対称行列である．

制約なし最適化問題（問題 6.2）にたいする局所最適解の必要条件と十分条件を，定理としてまとめておく．

[定理] **6.1 局所最適解のための必要条件**

$\boldsymbol{x}^*$ が［問題 6.2］の局所最適解ならば

$$\nabla f(\boldsymbol{x}^*) = \boldsymbol{0} \tag{6.10}$$

であり，ヘッセ行列 $\nabla^2 f(\boldsymbol{x}^*)$ は**非負定値** (nonnegative definite) である．すなわち，任意の n 次元ベクトル $\boldsymbol{d}$ にたいして次式がなりたつ．

$$\boldsymbol{d}^T \nabla^2 f(\boldsymbol{x}^*) \boldsymbol{d} \geq 0 \tag{6.11}$$

[定理] **6.2 局所最適解のための十分条件**

$\boldsymbol{x}^*$ が式(6.10)を満たし，$\nabla^2 f(\boldsymbol{x}^*)$ が**正定値** (positive definite)，すなわち任意の 0 でない n 次元ベクトル $\boldsymbol{d}$ にたいして

$$\boldsymbol{d}^T \nabla^2 f(\boldsymbol{x}^*) \boldsymbol{d} > 0 \tag{6.12}$$

を満たすならば，$\boldsymbol{x}^*$ は［問題 6.2］の局所最適解である．

これらの定理は，2次の**テイラー展開** (Taylor expansion) を用いて導くことができる．テイラー展開は，以下のアルゴリズムの性質を導くためにも必要であり，ここで定理としてまとめておく．

[定理] 6.3 テイラー展開

1) $f(\boldsymbol{x})$ が1回連続微分可能ならば，$0 \leq a \leq 1$ となる a が存在し

$$f(\boldsymbol{x}+\boldsymbol{d}) = f(\boldsymbol{x}) + \boldsymbol{d}^T \nabla f(\boldsymbol{x}+a\boldsymbol{d})$$
$$= f(\boldsymbol{x}) + \boldsymbol{d}^T \nabla f(\boldsymbol{x}) + o(\|\boldsymbol{d}\|) \qquad (6.13)$$

がなりたつ。ここで，$\|\boldsymbol{d}\|$ はユークリッド距離 $(\boldsymbol{d}^T\boldsymbol{d})^{\frac{1}{2}} = \sqrt{\sum_{i=1}^{n} d_i^2}$ を表し，$o(\|\boldsymbol{d}\|)$ は $\|\boldsymbol{d}\|$ の高位の無限小を表し

$$\lim_{\|\boldsymbol{d}\| \to 0} o(\|\boldsymbol{d}\|)/\|\boldsymbol{d}\| = 0$$

である。すなわち，$\|\boldsymbol{d}\|^2$ のように，$\|\boldsymbol{d}\|$ よりも速いスピードで0へ収束する量を表している。

2) $f(\boldsymbol{x})$ が2回連続微分可能ならば，$0 \leq a \leq 1$ となる a が存在し

$$f(\boldsymbol{x}+\boldsymbol{d}) = f(\boldsymbol{x}) + \boldsymbol{d}^T \nabla f(\boldsymbol{x}) + \frac{1}{2}\boldsymbol{d}^T \nabla^2 f(\boldsymbol{x}+a\boldsymbol{d})\boldsymbol{d}$$
$$= f(\boldsymbol{x}) + \boldsymbol{d}^T \nabla f(\boldsymbol{x}) + \frac{1}{2}\boldsymbol{d}^T \nabla^2 f(\boldsymbol{x})\boldsymbol{d} + o(\|\boldsymbol{d}\|^2) \quad (6.14)$$

がなりたつ。

ローゼンブロック関数は上記のように，$\boldsymbol{x}^* = (1, 1)^T$ において式(6.7)より $\nabla f(\boldsymbol{x}^*) = \boldsymbol{0}$ である。また，式(6.9)より

$$\boldsymbol{d}^T \nabla^2 f(\boldsymbol{x}^*)\boldsymbol{d} = \boldsymbol{d}^T \begin{pmatrix} 802 & -400 \\ -400 & 200 \end{pmatrix} \boldsymbol{d} = 802 d_1^2 - 800 d_1 d_2 + 200 d_2^2$$
$$= 800\left(d_1 - \frac{1}{2}d_2\right)^2 + 2d_1^2$$

は，任意の $\boldsymbol{0}$ でないベクトル $\boldsymbol{d}$ にたいして正である。したがって，[定理 6.2] より $\boldsymbol{x}^* = (1, 1)^T$ は [問題 6.2] の局所最適解であり，$f(\boldsymbol{x}) \geq 0 = f(\boldsymbol{x}^*)$ より（大域的）最適解でもある。

また，$\boldsymbol{x}^*$ が [定理 6.2] の条件を満たせば，$\boldsymbol{x}^*$ の近傍に属する任意の点 $\boldsymbol{x}^* + \boldsymbol{d}$ にたいして，式(6.10)，(6.12)，(6.14)より

$$f(\boldsymbol{x}^* + \boldsymbol{d}) = f(\boldsymbol{x}^*) + \frac{1}{2}\boldsymbol{d}^T \nabla f(\boldsymbol{x}^*)\boldsymbol{d} + o(\|\boldsymbol{d}\|^2) > f(\boldsymbol{x}^*)$$

がなりたち，x^* は局所最適解である。したがって，[定理6.2] がなりたつ。

制約なし最適化問題にたいする勾配法とニュートン法を簡単に説明する。勾配法では，初期点 x^0 から出発し，$k = 0, 1, 2, \cdots$ にたいして点 x^k から点 x^{k+1} を

$$x^{k+1} = x^k - \sigma_k \nabla f(x^k) \tag{6.15}$$

により生成する。ここで $(-\nabla f(x^k))$ は，$f(x)$ の**最急降下方向** (steepest descent direction) であり，ステップ幅 σ_k は1次元最小化問題

$$\min \left[f(x^k - \sigma \nabla f(x^k)) | \sigma \geq 0 \right]$$

の解である。この1次元最小化問題は，NPにおけるほとんどのアルゴリズムで生じる，x^k からの方向 d^k 〔勾配法では $-\nabla f(x^k)$〕が与えられたとき，そのステップ幅 σ_k を定める問題である。その解法は，**直線探索法** (line search method) と呼ばれ，種々なアルゴリズムが提案されている[44]。

たとえばArmijoの方法は，$0 < a < 1$，$0 < b < 0.5$ にたいして

$$f(x^k + a^l d^k) \leq f(x^k) + b a^l \nabla f(x^k) d^k$$

を満たす最小の $l = 0, 1, 2, \cdots$ を求め，$\sigma_k = a^l$ とおけばよい。

勾配法(6.15)にたいして，$\nabla f(x^k) \neq 0$ のとき，式(6.13)より

$$f(x^{k+1}) = f(x^k) - \sigma_k \nabla f(x^k)^T \nabla f(x^k) + o(\sigma_k \|\nabla f(x^k)\|) < f(x^k)$$

がなりたつ。したがって，$k = 0, 1, 2, \cdots$ にたいして $f(x^k)$ は単調に減少し，式(6.10)を満たす局所最適解へ収束する。

しかし，勾配法は降下方向の1次の情報である勾配ベクトルを用いるだけであり，速い収束は期待できない。2次の情報であるヘッセ行列を用いたアルゴリズムが**ニュートン法** (Newton method) である。式(6.14)より

$$f(x^k + d) = f(x^k) + d^T \nabla f(x^k) + \frac{1}{2} d^T \nabla^2 f(x^k) d + o(\|d\|^2)$$

であり，微小項を無視して上式を d について最小化すれば

$$\nabla^2 f(x^k) d^* + \nabla f(x^k) = 0 \tag{6.16}$$

である。すなわち

$$d^* = -(\nabla^2 f(x^k))^{-1} \nabla f(x^k)$$

であり，式(6.15)の代わりに
$$x^{k+1} = x^k - \sigma_k(\nabla^2 f(x^k))^{-1}\nabla f(x^k) \tag{6.17}$$
を用いるアルゴリズムがニュートン法である。ここで，σ_k は直線探索法により定められる。

特に，$\sigma_k = 1$ とおいたニュートン法にたいし $f(x)$ が3回連続微分可能ならば，x^0 が x^* の近傍に属するとき，$k = 0, 1, 2, \cdots$ および定数 c にたいして
$$\|x^{k+1} - x^*\| \leq c\|x^k - x^*\|^2 \tag{6.18}$$
を示すことができる[44]。これは最適解 x^* とのずれが $\frac{1}{2}$，$\frac{1}{4}$，$\frac{1}{16}$，…と急速に減少することを示し，ニュートン法の持つ**2次収束性**（quadratic convergence property）と呼ばれる優れた性質である。

6.3.1　準ニュートン法

ニュートン法は，条件を満たせば2次収束するが，そのためには各点 x^k でヘッセ行列の逆行列あるいは連立一次方程式(6.16)の解を計算しなければならない。また，ヘッセ行列の正定値性が必ずしも保証されない。したがって，正定値性をつねに保証しながら，ヘッセ行列の逆行列をうまく近似できれば，ニュートン法の難点が克服できる。ヘッセ行列の逆行列を近似する行列を H^k とおけば，**準ニュートン法**（quasi-Newton method）のアルゴリズムはつぎのように与えられる。

[準ニュートン法] (6.19)

① 適当な初期点 x^0 と $\varepsilon > 0$ を選び，$H^0 = I$（単位行列），$k = 0$ とおく。

② $\|\nabla f(x^k)\| < \varepsilon$ ならば停止。

③ $d^k = -H^k f(x^k)$ を計算する。

④ 直線探索法により $\min\{f(x^k + \sigma d^k)|\sigma \geq 0\}$ の解 σ^k を求め，$x^{k+1} = x^k + \sigma_k d^k$ とおく。

⑤ H^k を更新して H^{k+1} を得る。

⑥ $k = k + 1$ とおいてステップ2へ。

ここで，ステップ5の行列 H^{k+1} の更新公式は種々提案されてきたが，最も代表的なものとして，Broyden, Fletcher, Goldfarb, Shanno により提案さ

れた BFGS 公式をあげておく.

$$H^{k+1} = H^k + \left(\frac{1 + (\boldsymbol{y}^k)^T H^k \boldsymbol{y}^k}{(\boldsymbol{s}^k)^T \boldsymbol{y}^k}\right) \frac{\boldsymbol{s}^k (\boldsymbol{s}^k)^T}{(\boldsymbol{s}^k)^T \boldsymbol{y}^k} \left(\frac{\boldsymbol{s}^k (\boldsymbol{y}^k)^T H^k + H^k \boldsymbol{y}^k (\boldsymbol{s}^k)^T}{(\boldsymbol{s}^k)^T \boldsymbol{y}^k}\right) \tag{6.20}$$

ここで，$\boldsymbol{s}^k = \boldsymbol{x}^{k+1} - \boldsymbol{x}^k$, $\boldsymbol{y}^k = \nabla f(\boldsymbol{x}^{k+1}) - \nabla f(\boldsymbol{x}^k)$ である. 準ニュートン法の収束については, ニュートン法と同様な条件のもとで

$$\lim_{k \to \infty} \frac{\|\boldsymbol{x}^{k+1} - \boldsymbol{x}^*\|}{\|\boldsymbol{x}^k - \boldsymbol{x}^*\|} = 0 \tag{6.21}$$

が示され，この収束を**超 1 次収束**（superlinear convergence）と呼んでいる. この収束は, 勾配法の **1 次収束**（linear convergence）とニュートン法の 2 次収束の中間であるが, 実際上 2 次収束に近い収束を示すことが知られている.

準ニュートン法は, 2 階微分を用いずに, ニュートン法に近い収束率を持つアルゴリズムであるが, 勾配ベクトル $\nabla f(\boldsymbol{x}^k)$ を入力する必要がある. 逐一偏微分を計算することなく, 数値的に微分できれば実用上非常に便利である. $\partial f(\boldsymbol{x})/\partial x_j, j = 1, \cdots, n,$ の差分近似を g_j とおけば

$$前進差分 : g_j = \frac{f(\boldsymbol{x} + h_j \boldsymbol{e}_j) - f(\boldsymbol{x})}{h_j} \tag{6.22}$$

$$中央差分 : g_j = \frac{f(\boldsymbol{x} + h_j \boldsymbol{e}_j) - f(\boldsymbol{x} - h_j \boldsymbol{e}_j)}{2 h_j} \tag{6.23}$$

である. ここで, h_j はステップ幅, e_j は x_j 方向の単位ベクトルである. この前進差分, 中央差分が, ソルバーのオプション指定項目における微分係数の前進, 中央に対応している. また, ステップ 1, 2 の ε がオプション指定項目の収束に対応している.

6.3.2 共役勾配法

準ニュートン法では, 式(6.20)により行列 H^{k+1} の更新を行わなければならず, n が大きくなれば計算量が膨大となる. **共役勾配法**（conjugate gradient method）は行列更新を行う必要のないアルゴリズムであり, 多変数問題にたいして効果的である.

[共役勾配法] (6.24)

① 適当な初期点 x^0 と $\varepsilon > 0$ を選び，$x^{-1} = x^0$，$d^{-1} = 0$，$k = 0$ とおく。

② $\|\nabla f(x^k)\| < \varepsilon$ ならば停止。

③ $$d^k = -\nabla f(x^k) + \frac{\|\nabla f(x^k)\|^2}{\|\nabla f(x^{k-1})\|^2} d^{k-1} \qquad (6.25)$$

とおく。

④ 直線探索法により $\min\{f(x^k + \sigma d^k)|\sigma \geq 0\}$ の解 σ_k を求め，$x^{k+1} = x^k + \sigma_k d^k$ とおく。

⑤ $k = k + 1$ とおいてステップ2へ。

共役勾配法も準ニュートン法同様，条件を満たせば超1次収束することが示されている。また，共役勾配法においても，勾配ベクトル $\nabla f(x^k)$ を差分近似式(6.22)あるいは式(6.23)でおき換えることができ，ソルバーのオプション指定項目である微分係数の前進，中央に対応している。

6.4 制約付き最適化問題

本節では，制約付き最適化問題（問題6.1）を取り扱い，最適解の必要条件である**カルーシュ・キューン・タッカー条件**（Karush-Kuhn-Tucker condition）を説明する。次いで代表的なアルゴリズムとして，**一般化簡約勾配法**（generalized reduced gradient method）より効率的な逐次2次計画法を紹介する。

6.4.1 カルーシュ・キューン・タッカー条件

制約付き最適化問題において，制約条件(6.2)，(6.3)を満たす点 x で $g_i(x) = 0$ となるすべての i にたいして，勾配ベクトル $\nabla g_i(x)$ が1次独立ならば，x を**正則点**（regular point）と呼ぶ。ここで，ベクトル $x_1, x_2, \cdots, x_k$ が1次独立とは，どのベクトルも他のベクトルの1次結合では表せず，スカラー $a_1 = a_2 = \cdots = a_k = 0$ のときに限り $a_1 x_1 + a_2 x_2 + \cdots + a_k x_k = 0$ がなりたつことをいう。つぎの定理は，局所最適解の必要条件であるカルーシュ・キュ

ーン・タッカー条件を与えている。

定理 6.4 カルーシュ・キューン・タッカー条件

点 $\boldsymbol{x}^*$ が局所最適解であり, 正則点ならば, 次式を満たす**ラグランジュ乗数** (Lagrange multiplier) $\boldsymbol{u}^* = (u_1^*, \ u_2^*, \ \cdots, \ u_m^*)^T$ が存在する。

$$\nabla f(\boldsymbol{x}^*) + \sum_{i=1}^{m} u_i^* \nabla g_i(\boldsymbol{x}^*) = \boldsymbol{0} \tag{6.26}$$

$$g_i(\boldsymbol{x}^*) \leq 0, \ u_i^* g_i(\boldsymbol{x}^*) = 0, \ u_i^* \geq 0, \ i = 1, \ \cdots, \ m_1 \tag{6.27}$$

$$g_i(\boldsymbol{x}^*) = 0, \qquad\qquad\qquad i = m_1 + 1, \ \cdots, \ m \tag{6.28}$$

ここで, 式(6.26)の右辺の 0 は n 次元零ベクトルであり, 左辺の各変数 x_j, $j = 1, \ 2, \ \cdots, \ n$, に関する偏微分の和が 0 であることを表している。

また不等式制約にたいする式(6.27)は, 各 i にたいして $u_i^* = 0$ か $g_i^*(\boldsymbol{x}^*) = 0$ がなりたつことを意味しており, **相補性条件** (complementary slackness condition) と呼ばれている。

ラグランジュ関数 $L(\boldsymbol{x}, \ \boldsymbol{u})$ を

$$L(\boldsymbol{x}, \ \boldsymbol{u}) = f(\boldsymbol{x}) + \sum_{i=1}^{m} u_i g_i(\boldsymbol{x}) \tag{6.29}$$

と定義すれば, 式(6.26)は $\nabla_x L(\boldsymbol{x}, \ \boldsymbol{u}) = \boldsymbol{0}$ と表すことができる。カルーシュ・キューン・タッカー条件は必要条件であるが, 特に関数 $f(\boldsymbol{x})$, $g_i(\boldsymbol{x})$, $1 \leq i \leq m_1$ が**凸関数** (convex function) であり, $g_i(\boldsymbol{x})$, $m_1 + 1 \leq i \leq m$ が 1 次関数であれば, 十分条件にもなっている。ここで, 関数 $f(\boldsymbol{x})$ が**凸** (convex) とは, 任意の $\boldsymbol{x}_1$, $\boldsymbol{x}_2$ と $0 \leq a \leq 1$ にたいして

$$f(a\boldsymbol{x}_1 + (1 - a)\boldsymbol{x}_2) \leq a f(\boldsymbol{x}_1) + (1 - a) f(\boldsymbol{x}_2) \tag{6.30}$$

がなりたつことをいう。

たとえば, 制約付きローゼンブロック問題 (例題6.1) にたいするカルーシュ・キューン・タッカー条件は, *印を省略して次式のようになる。

$$2(200x_1^3 - 200x_1 x_2 + x_1 - 1) + u_1 = 0$$
$$200(x_2 - x_1^2) \qquad\qquad\quad + u_1 = 0$$

$$x_1 + x_2 \leq 1$$
$$u_1(x_1 + x_2 - 1) = 0$$
$$u_1 \geq 0$$

6.4.2 逐次2次計画法

適当な初期点 x^0 から出発し，制約付き最適化問題（問題6.1）の局所最適解 x^* へ収束する点列 $\{x^k; k = 0, 1, 2, \cdots\}$ を生成するアルゴリズムを導く。点 x^k で目的関数 $f(x)$ を2次のオーダーまで，制約条件 $g_i(x)$ を1次のオーダーまで，おのおのテイラー展開すれば，式(6.13)，(6.14)より微小項を無視したとき次式がなりたつ。

$$f(x^k + d) = f(x^k) + d^T \nabla f(x^k) + \frac{1}{2} d^T \nabla^2 f(x^k) d \qquad (6.31)$$

$$g_i(x^k + d) = g_i(x^k) + d^T \nabla g_i(x^k) \qquad (6.32)$$

したがって，改善された点 x^{k+1} を求めるには，式(6.2)，(6.3)をその1次近似(6.32)式でおき換えた制約条件のもとで，式(6.31)を最小にするベクトルを求めればよいであろう。しかし，ヘッセ行列 $\nabla^2 f(x^k)$ の計算には手数がかかり，また正定値である保証はない。したがって，ヘッセ行列を近似する，より望ましい性質を持つ正定値行列 B^k でおき換えて，つぎの2次計画（QP）問題を考える。

問題 6.3 QP問題

最小化 $\quad \nabla f(x)^T d + \frac{1}{2} d^T B^k d \qquad (6.33)$

制約条件 $\quad g_i(x^k) + \nabla g_i(x^k)^T d \leq 0, \ i = 1, \cdots, m_1 \qquad (6.34)$

$\qquad\qquad g_i(x^k) + \nabla g_i(x^k)^T d = 0, \ i = m_1 + 1, \cdots, m \qquad (6.35)$

このQP問題の最適解を d^k，ラグランジュ乗数を u^k とおけば，カルーシュ・キューン・タッカー条件は次式となる。

$$\nabla f(x^k) + B^k d^k + \sum_{i=1}^{m} u_i^k \nabla g_i(x^k) = 0 \qquad (6.36)$$

$$g_i(x^k) + \nabla g_i(x^k)^T d \leq 0, \ u_i^k \geq 0$$

$$u_i^k \{g_i(\boldsymbol{x}^k) + \nabla g_i(\boldsymbol{x}^k)^T \boldsymbol{d}^k\} = 0, \quad i = 1, \cdots, m_1 \tag{6.37}$$

$$g_i(\boldsymbol{x}^k) + \nabla g_i(\boldsymbol{x}^k)^T \boldsymbol{d}^k = 0, \qquad i = m_1 + 1, \cdots, m \tag{6.38}$$

したがって，$\boldsymbol{d}^k = \boldsymbol{0}$ ならば，制約付き最適化問題のカルーシュ・キューン・タッカー条件式(6.26)〜(6.28)が成立し，$\boldsymbol{x}^k$ が求める局所最適解 $\boldsymbol{x}^*$ である．さもなければ，$\boldsymbol{d}^k$ の方向へのステップ幅 σ_k を定めなければならないが，広範囲の初期点からの収束を保証するために，制約条件も考慮した正確なペナルティ関数と呼ばれる

$$F_r(\boldsymbol{x}) = f(\boldsymbol{x}) + r\left\{\sum_{i=1}^{m_1}\max(0,\ g_i(\boldsymbol{x})) + \sum_{i=m_1+1}^{m}|g_i(\boldsymbol{x})|\right\} \tag{6.39}$$

を最小化することを考える．ここで，r は制約条件の重みを表すパラメータである．以上をまとめれば逐次2次計画法を得る．

[逐次2次計画法] (6.40)

① 適当な初期点 $\boldsymbol{x}^0$，n 次正定値対称行列 B^0（例えば単位行列 I），$\varepsilon > 0$ および十分大きな正数 r を与え，$k = 0$ とおく．

② QP問題（問題6.3）を解き，その最適解 $\boldsymbol{d}^k$ とラグランジュ乗数 $\boldsymbol{u}^k$ を求める．$\|\boldsymbol{d}^k\| < \varepsilon$ ならば，$\boldsymbol{x}^k$ が求める局所最適解である．

③ ペナルティ関数(6.39)にたいする1次元最小化問題

$$\min\{F_r(\boldsymbol{x}^k + \sigma \boldsymbol{d}^k) | \sigma \geq 0\}$$

の解 σ^k を直線探索法により求め，$\boldsymbol{x}^{k+1} = \boldsymbol{x}^k + \sigma_k \boldsymbol{d}^k$ とおく．

④ B^k を更新して B^{k+1} を求め，$k = k+1$ とおいてステップ2へ．

ステップ2におけるQP問題（問題6.3）は，QPのアルゴリズム〔文献10），31），47），78）参照〕を用いて解けばよい．また，ステップ4における B^k の更新公式として，式(6.20)同様，BFGS公式をあげれば

$$B^{k+1} = B^k + \frac{\boldsymbol{y}^k(\boldsymbol{y}^k)^T}{(\boldsymbol{y}^k)^T \boldsymbol{s}^k} - \frac{B^k \boldsymbol{s}^k (\boldsymbol{s}^k)^T B^k}{(\boldsymbol{s}^k)^T B^k \boldsymbol{s}^k} \tag{6.41}$$

である．ここで

$$\boldsymbol{s}^k = \boldsymbol{x}^{k+1} - \boldsymbol{x}^k, \ \boldsymbol{y}^k = \nabla_x L(\boldsymbol{x}^{k+1},\ \boldsymbol{u}^{k+1}) - \nabla_x L(\boldsymbol{x}^k,\ \boldsymbol{u}^k)$$

である．

引用・参考文献

1) R. K. Ahuja, T. L. Magnanti and J. B. Orlin: Network Flows—Theory, Algorithms and Applications—, Prentice-Hall (1993)
2) アスキー書籍編集部編：Excel 2000 VBA リファレンス，アスキー出版局 (1999)
3) M. S. Bazaraa, J. J. Javis and H. D. Sherali: Linear Programming and Network Flows (2nd ed.), John Wiley (1990)
4) R. Bellman: Dynamic Programming, Princeton Univ. Press (1957)
5) R. Bellman and S. Dreyfus: Applied Dynamic Programming, Princeton Univ. Press (1962)〔小田中敏男，有水彊訳：応用ダイナミック・プログラミング，JUSE 出版（1962）〕
6) D. P. Bertsekas and J. N. Tsitsiklis: Neuro-Dynamic Programming, Athena Scientific (1996)
7) R. G. Bland: "New finite pivoting rules for the simplex method", Mathematics of Operations Research 2, pp. 103-107 (1977)
8) V. Chvătal: Linear Programming, W. H. Freeman (1983)〔V.フバータル著，阪田省二郎他訳：線形計画法 上・下，啓学出版（1986，1988）〕
9) G. Clark and J. W. Wright: "Scheduling of vehicles from a central depot to a number of delivery points", Operations Research 12, pp. 568-581 (1964)
10) G. B. Dantzig: Linear Programming and Extensions, Princeton Univ. Press (1963)〔小山昭夫訳：線形計画法とその周辺，CBS 出版（1983）〕
11) G. B. Dantzig and M. N. Thapa: Linear Programming 1: Introduction, Springer-Verlag (1997)
12) 電気学会 GA 等組合せ最適化手法応用調査専門委員会編：遺伝アルゴリズムとニューラルネット―スケジューリングと組合せ最適化―，コロナ社（1998）
13) E. Dijkstra: "A note on two problems in connexion with graphs", Numeriche Mathematics 1, pp. 269-271 (1959)
14) M. Dodge and C. Stinson: Running Microsoft Excel 2000, Microsoft Press (1999)〔小川晃夫訳：Microsoft Excel 2000 オフィシャルマニュアル，日経

BPソフトプレス（1999）〕

15) R. W. Floyd: Algorithm 97: "Shortest path", Communications of ACM 5, p. 345 (1962)
16) 福島雅夫：非線形最適化の理論，産業図書（1980）
17) 福島雅夫：数理計画入門，朝倉書店（1996）
18) F. Glover: "Future paths for integer programming and links to artificial intelligence", Computers & Operations Research 5, pp. 533-549 (1986)
19) F. Glover: "Tabu search-Part Ⅰ", ORSA Journal on Computing 1, pp. 190-206 (1989)
20) F. Glover: "Tabu search-Part Ⅱ", ORSA Journal on Computing 2, pp. 4-32 (1990)
21) D. E. Goldberg and R. Lingle: "Alleeles, loci and the travelling salesman problem", Proceedings of an International Conference on Genetic Algorithms and Their Applications, Lawrence Erlbaum Associates, Hillesdale, pp. 154-159 (1985)
22) D. E. Goldberg: Genetic Algorithms in Search, Optimization and Machine Learning, Addison-Wesley (1989)
23) R. E. Gomory: "Outline of an algorithm for integer solutions to linear programs", Bulletin of the American Mathematical Society, **64**, 5, pp.275-278 (1958)
24) B. Hajek: "Cooling schedule for optimal annealing", Mathematics of Operations Research 13, pp. 311-329 (1988)
25) 林芳男：0-1ナップザック問題の数理とアルゴリズム，近畿大学商経学会（2000）
26) J. H. Holland: Adaptation in Natural and Artificial Systems, The University of Michigan Press (1975)〔MIT Press (1992), 嘉数侑昇監訳：遺伝アルゴリズムの理論，森北出版（1999）〕
27) E. Horowitz and S. Sahni: "Computing partitions with applications to the knapsack problem", Journal of Assoc. Computing Machinery, **21**, 2, pp. 277-292 (1974)
28) R. Horst and H. Tuy: Global Optimization : Deterministic Approaches (3rd ed.), Springer-Verlag (1996)
29) R. Howard: Dynamic Programming and Markov Processes, MIT Press (1960)〔関根智明他訳：ダイナミックプログラミングとマルコフ過程，培風

館（1985）〕
30) 茨木俊秀：組合せ最適化，産業図書（1983）
31) 茨木俊秀，福島雅夫：FORTRAN 77 最適化プログラミング，岩波書店（1991）
32) 茨木俊秀，福島雅夫：最適化の手法，共立出版（1993）
33) 岩本誠一：動的計画論，九州大学出版会（1987）
34) N. Karmarkar: "A new polynomial-time algorithm for linear programming", Combinatorica 4, pp. 373-395 (1984)
35) W. Karush: Minima of functions of several variables with inequalities as side conditions, Master's Thesis, Dept. of Math., Univ. of Chicago (1939)
36) L. G. Khachian: "A polynomial algorithm for linear programming", Doklady Akademia Nauk USSR 244, pp. 1093-1096 (1979)〔英訳，Soviet Mathematics Doklady 20, pp. 191-194 (1979)〕
37) S. Kirkpatrick, J. C. D. Geloot and M. P. Vecchi: "Optimization by simulated annealing", Science 220, pp. 671-680 (1983)
38) 北野宏明編：遺伝的アルゴリズム，産業図書（1993）
39) 北野宏明編：遺伝的アルゴリズム 2，産業図書（1995）
40) 北野宏明編：遺伝的アルゴリズム 3，産業図書（1997）
41) 北野宏明編：遺伝的アルゴリズム 4，産業図書（2000）
42) V. L. Klee and G. J. Minty: "How good is the simplex algorithm ?", O. Shisha 編：Inequalities III, Academic Press, pp. 159-175 (1972)
43) 小舘由典&インプレス書籍編集部編：できる Excel 2000，インプレス（1999）
44) 今野浩，山下浩：非線形計画法，日科技連（1978）
45) 今野浩：整数計画法，産業図書（1981）
46) 今野浩，鈴木久敏編：整数計画法と組合せ最適化，日科技連（1982）
47) 今野浩：線形計画法，日科技連（1987）
48) 今野浩：カーマーカー特許とソフトウェア，中公新書（1995）
49) 久保幹雄：メタヒューリスティクス，〔室田一雄編：離散構造とアルゴリズム IV，近代科学社，pp.171-230〕（1995）
50) 久保幹雄，松井知己：組合せ最適化［短編集］，朝倉書店（1999）
51) H. W. Kuhn and A. W. Tucker: "Nonlinear programming", J. Neyman ed.：Proc. 2nd Berkeley Symp. on Math. Stat. and Prob. Univ. of California Press, pp. 481-492 (1951)

52) A. H. Land and A. G. Doig: "An automatic method of solving discrete programming problems", Econometrica 28, pp. 497-520 (1960)
53) J. K. Lenstra, A. H. G. Rinnooy Kan and A. Schrijver: History of Mathematical Programming: A Collection of Personal Reminiscences, North-Holland (1991)
54) S. Lin and B. W. Kernighan: "An effective heuristic algorithm for the traveling salesman problem", Operations Research 21, pp. 498-516 (1973)
55) 村田吉徳：Excel 2000 VBA マクロの使い方：入門編, 技術評論社 (1999)
56) 名取龍彦, 浅賀幸一：Excel 2000 パーフェクトマスター, 秀和システム (2000)
57) G. L. Nemhauser: Introduction to Dynamic Programming, John Wiley (1966)
58) G. L. Nemhauser, A. H. G. Rinooy Kan and M. J. Todd ed.：Optimization, North-Holland (1989)〔伊理正夫, 今野浩, 刀根薫監訳：最適化ハンドブック, 朝倉書店 (1995)〕
59) 大野勝久："状態制約のある離散時間制御問題にたいする微分動的計画法", システムと制御, 21, pp.454-461 (1977)
60) K. Ohno: "Differential dynamic programming for solving nonlinear programming problems", Journal Operations Res. Soc. Japan, 21, pp. 371-399 (1978)
61) 大野勝久：制御理論〔伊理正夫, 今野浩編：数理計画法の応用〈理論編〉, 産業図書, 2章 (pp.41-99)〕(1982)
62) 大野勝久："マルコフ決定過程", システムと制御, 29, pp.333-341 (1985)
63) 大野勝久：最適化手法〔日本経営工学会編：経営工学ハンドブック, 丸善, pp.533-549〕(1994)
64) 大山達雄：最適化モデル分析, 日科技連 (1993)
65) I. H. Osman: "Metastrategy simulated annealing and tabu search algorithms for the vehicle routing problem", Annals of Operations Research, 41, pp. 421-451 (1993)
66) M. Padberg: Linear Optimization and Extensions (2nd ed.), Springer-Verlag (1999)
67) D. Pisinger and P. Toth: "Knapsack problems", D-Z Du and P. M. Pardalos ed.：Handbook of Combinatorial Optimization, Vol. 1, Kluwer Academic Press, pp. 299-428 (1998)

68) M. L. Puterman: Markov Decision Processes: Discrete Stochastic Dynamic Programming, John Wiley (1994)
69) C. R. Reeves 編: Modern Heuristic Techniques for Combinational Problems, Blackwell Scientific Publications (1993)〔横山隆一他訳：モダンヒューリスティックス—組合せ最適化の先端手法—，日刊工業新聞社（1997）〕
70) 坂和正敏：数理計画法の基礎，森北出版（1999）
71) A. Schrijver: Theory of Linear and Integer Programming, John Wiley (1986)
72) 関根智明：PERT・CPM，日科技連（1985）
73) 反町洋一編：線形計画法の実際，産業図書（1992）
74) 鈴木誠道，高井英造編：数理計画法の応用〈実際編〉，産業図書（1981）
75) 高井英造，真鍋龍太郎編著：問題解決のためのオペレーションズ・リサーチ入門，日本評論社（2000）
76) 谷川宮次：Excel による経営統計処理，泉文堂（1998）
77) H. P. Williams: Model Building in Mathematical Programming, John Wiley (1993)〔前田英次郎監訳，小林英三訳：数理計画モデルの作成法，産業図書（1995）〕
78) 矢部博，八巻直一：非線形計画法，朝倉書店（1999）
79) 山本芳嗣，久保幹雄：巡回セールスマン問題への招待，朝倉書店（1997）

索　引

あ
アーク　9
アニーリング法　146
　　──のVBAプログラム
　　　　158

い
1次収束　171
一般化簡約勾配法　172
遺伝アルゴリズム　154
　　──のVBAプログラム
　　　　158
遺伝演算子　155
遺伝子　154
遺伝子型　154
遺伝子型Tから表現型S
　への変換　154
遺伝子座　154

え
英数字の入力　35
エクセル　2
枝　9

か
階数　84
改訂単体法　86
ガウス・ジョルダンの消去
　法　63
ガウスの消去法　63
価格ベクトル　86
可能基底解　61

き
基底解　61
基底実行可能解　61
基底変数　61
行　23

く
局所最適解　161
　　──のための十分条件
　　　　167
　　──のための必要条件
　　　　167
近傍　148

く
空間計算量　113
組合せ計画問題　13
グラフ　9
グラフシート　33
クリック　27,30
クリティカルパス　11

け
限定操作　135

こ
交叉　156
格子点　129
勾配法　162,169
混合整数計画法　130
混合整数計画問題　16

さ
最急降下方向　169
最小添字規則　72
最大完了時間　17
最大値　4
最適解　4,6,161
最適性条件　69
最適性の原理　110
暫定解　137

し
時間計算量　113
実行可能解　4,6
実行可能領域　4

シート　33
自由変数　60
主実行可能性条件　94
主問題　91
巡回セールスマン問題
　　　　14,140
循環　71
準最適解　151
ジョンソン則　18
人為変数　75
シンプレックス乗数　86
シンプレックス法　57

す
数理計画法　3
数理計画問題　3
スラック変数　60

せ
整数計画法　130
整数計画問題　13
正則点　172
生物母集団　155
制約条件　3,6
制約付き最適化問題　21
制約付きローゼンブロック
　問題　21
制約なし最適化問題　21
制約なしローゼンブロック
　問題　163
セービング法　144
セル　23
線形　4
線形計画法　5,57
線形計画問題　5
宣言セクション　50
潜在価格　86
染色体　154
前進差分　171

索引

選択

選択	156
全ユニモデュラ	10

そ

双対実行可能性条件	94
双対単体法	101
双対定理	93
双対変数	91
双対問題	91
相補スラック条件	94
相補性条件	173
ソルバー	26, 56, 102, 140, 164

た

第1段階	75
第1段階LP問題	77
ダイクストラ法	115
——のVBAプログラム	119
対　称	96
対称双対定理	96
第2段階	75
対立遺伝子	154
タブー探索法	152
——のVBAプログラム	158
タブーリスト	152
ダブルクリック	27, 30
単体表	66
単体法	57, 61, 70
端　点	62

ち

逐次2次計画法	172
中央差分	171
超1次収束	171
頂　点	9
直線探索法	169

つ

2-optアルゴリズム	149

て

テイラー展開	167
適合度	155
データ型	52
点	9

と

凸	62
凸関数	173
突然変異	156
凸多面体	62
ドラッグ	30

な

内点法	58
ナップサック問題	13, 132

に

2次計画法	161
2次収束性	170
2段階法	75
——のVBAプログラム	80
日本語入力	35
ニュートン法	169, 170

ね

ネットワーク	9
ネットワークフロー問題	9

の

ノード	9

は

配送計画問題	18, 144
掃出し	63
バックトラック	137
発見的アルゴリズム	143
バリアント型	53

ひ

非基底変数	61
非線形計画問題	21, 161
非負制約	6
非負定値	167
ピボット	63
非有界	58
非有界性条件	70
ヒューリスティクス	143
表計算	23
表現型	154
標準形LP問題	60

ふ

ブック	33
不　能	59
不能性条件	79
不変埋込みの原理	109
フローショップ	18
フローショップ問題	18
分枝限定法	131, 137
——のVBAプログラム	139
分枝操作	135

へ

ヘッセ行列	166

ほ

補集合	115

ま

マクロ	26, 42
マルコフ決定過程	108

み

右クリック	30

め

メタヒューリスティクス	131

も

目的関数	3, 6

モダンヒューリスティクス 143	ラグランジュ乗数 173	**ろ**
	λ-交換法 148	ローゼンブロック関数 21, 163
や	**り**	
焼なまし 147	リデユースドコスト 86	**わ**
焼なまし法 147		ワークシート 23, 33
矢 線 9	**れ**	
ら	冷却スケジュール 147	
ラグランジュ関数 173	列 23	
	連続したデータの入力 35	

B	**I**	PMX による交叉 156
BFGS 公式 171, 175	IP 130	**Q**
C	**L**	QP 161
CPM 12	LP 57	**S**
D	LP 解 134	SA 146
DP 108	LP 緩和問題 134	SA アルゴリズム 151
DP アルゴリズム 112, 128, 132	LP 効用 134	**T**
E	**M**	TS 152
Excel 2, 23, 30	MIP 130	TSP 14
G	**N**	TS アルゴリズム 153
GA 154	NP 困難 20	**V**
GA アルゴリズム 158	**P**	VBA 26, 42
	PERT 11	VBE 48
	PMX 156	VRP 18

―― 編著者・著者略歴 ――

大野　勝久（おおの　かつひさ）
1964 年　京都大学工学部数理工学科卒業
1966 年　京都大学大学院修士課程修了（数理工学専攻）
1966 年
～67 年　トヨタ自動車工業株式会社勤務
1973 年　工学博士（京都大学）
1973 年　京都大学助教授
1984 年　甲南大学教授
1986 年　名古屋工業大学教授
2004 年　名古屋工業大学名誉教授
2004 年　愛知工業大学教授
　　　　　現在に至る

田村　隆善（たむら　たかよし）
1971 年　熊本大学工学部機械工学科卒業
1973 年　大阪大学大学院修士課程修了（産業機械工学専攻）
1989 年　工学博士（名古屋工業大学）
1990 年　名古屋工業大学助教授
1996 年　愛知工業大学教授
2004 年　名古屋工業大学教授
　　　　　現在に至る

伊藤　崇博（いとう　たかひろ）
1995 年　立命館大学理工学部情報工学科卒業
1995 年　株式会社カプコン勤務
1997 年　名古屋工業大学技官
　　　　　現在に至る
2004 年　博士（工学）（名古屋工業大学）

Excel によるシステム最適化
System Optimization with Excel　　　　　© Ohno, Tamura, Ito　2001

2001 年 5 月 23 日　初版第 1 刷発行
2004 年 10 月 15 日　初版第 3 刷発行

検印省略

編 著 者　大　野　勝　久
著　　者　田　村　隆　善
　　　　　伊　藤　崇　博
発 行 者　株式会社　コロナ社
　　　　　代 表 者　牛来辰巳
印 刷 所　壮光舎印刷株式会社

112-0011　東京都文京区千石 4-46-10
発行所　株式会社　コロナ社
CORONA PUBLISHING CO., LTD.
Tokyo Japan
振替 00140-8-14844・電話(03)3941-3131(代)
ホームページ http://www.coronasha.co.jp

ISBN 4-339-02385-X　　　（金）　　（製本：グリーン）
Printed in Japan

無断複写・転載を禁ずる
落丁・乱丁本はお取替えいたします

コンピュータ数学シリーズ

(各巻A5判)

■編集委員　斎藤信男・有澤　誠・筧　捷彦

配本順			頁	定価
2.（9回）	組合せ数学	仙波一郎著	212	2940円
3.（3回）	数理論理学	林　　晋著	190	2520円
10.（2回）	コンパイラの理論	大山口通夫著	176	2310円
11.（1回）	アルゴリズムとその解析	有澤　　誠著	138	1733円
15.（5回）	数値解析とその応用	名取　　亮著	156	1890円
16.（6回）	人工知能の理論（増補）	白井良明著	182	2205円
20.（4回）	超並列処理コンパイラ	村岡洋一著	190	2415円
21.（7回）	ニューラルコンピューティング	武藤佳恭著	132	1785円
22.（8回）	オブジェクト指向モデリング	磯田定宏著	156	2100円

以下続刊

1．離散数学	難波完爾著	4．計算の理論	町田　元著
5．符号化の理論	今井秀樹著	6．情報構造の数理	中森真理雄著
7．計算モデル	小谷善行著	8．プログラムの理論	
9．プログラムの意味論	萩野達也著	12．データベースの理論	
13．オペレーティングシステムの理論	斎藤信男著	14．システム性能解析の理論	亀田壽夫著
17．コンピュータグラフィックスの理論	金井　崇著	18．数式処理の数学	渡辺隼郎著
19．文字処理の理論			

定価は本体価格+税5%です。
定価は変更されることがありますのでご了承下さい。

図書目録進呈◆

電子情報通信学会 大学シリーズ

(各巻A5判)

■(社)電子情報通信学会編

配本順			頁	定価
A-1 (40回)	応用代数	伊藤 理 正夫 共著 重 悟	242	3150円
A-2 (38回)	応用解析	堀内 和夫 著	340	4305円
A-3 (10回)	応用ベクトル解析	宮崎 保光 著	234	3045円
A-4 (5回)	数値計算法	戸川 隼人 著	196	2520円
A-5 (33回)	情報数学	廣瀬 健 著	254	3045円
A-6 (7回)	応用確率論	砂原 善文 著	220	2625円
B-1 (57回)	改訂 電磁理論	熊谷 信昭 著	340	4305円
B-2 (46回)	改訂 電磁気計測	菅野 允 著	232	2940円
B-3 (56回)	電子計測(改訂版)	都築 泰雄 著	214	2730円
C-1 (34回)	回路基礎論	岸 源也 著	290	3465円
C-2 (6回)	回路の応答	武部 幹 著	220	2835円
C-3 (11回)	回路の合成	古賀 利郎 著	220	2735円
C-4 (41回)	基礎アナログ電子回路	平野 浩太郎 著	236	3045円
C-5 (51回)	アナログ集積電子回路	柳沢 健 著	224	2835円
C-6 (42回)	パルス回路	内山 明彦 著	186	2415円
D-2 (26回)	固体電子工学	佐々木 昭夫 著	238	3045円
D-3 (1回)	電子物性	大坂 之雄 著	180	2205円
D-4 (23回)	物質の構造	高橋 清 著	238	3045円
D-6 (13回)	電子材料・部品と計測	川端 昭 著	248	3150円
D-7 (21回)	電子デバイスプロセス	西永 頌 著	202	2625円
E-1 (18回)	半導体デバイス	古川 静二郎 著	248	3150円
E-2 (27回)	電子管・超高周波デバイス	柴田 幸男 著	234	3045円
E-3 (48回)	センサデバイス	浜川 圭弘 著	200	2520円
E-4 (36回)	光デバイス	末松 安晴 著	202	2625円
E-5 (53回)	半導体集積回路	菅野 卓雄 著	164	2100円
F-1 (50回)	通信工学通論	畔柳 功 芳 共著 塩谷 光	280	3570円
F-2 (20回)	伝送回路	辻井 重男 著	186	2415円
F-4 (30回)	通信方式	平松 啓二 著	248	3150円

記号	(回)	書名	著者	頁	定価
F-5	(12回)	通信伝送工学	丸林 元著	232	2940円
F-7	(8回)	通信網工学	秋山 稔著	252	3255円
F-8	(24回)	電磁波工学	安達三郎著	206	2625円
F-9	(37回)	マイクロ波・ミリ波工学	内藤喜之著	218	2835円
F-10	(17回)	光エレクトロニクス	大越孝敬著	238	3045円
F-11	(32回)	応用電波工学	池上文夫著	218	2835円
F-12	(19回)	音響工学	城戸健一著	196	2520円
G-1	(4回)	情報理論	磯道義典著	184	2415円
G-2	(35回)	スイッチング回路理論	当麻喜弘著	208	2625円
G-3	(16回)	ディジタル回路	斉藤忠夫著	218	2835円
G-4	(54回)	データ構造とアルゴリズム	斎藤信男・西原清一共著	232	2940円
H-1	(14回)	プログラミング	有田五次郎著	234	2205円
H-2	(39回)	情報処理と電子計算機（「情報処理通論」改題新版）	有澤 誠著	178	2310円
H-3	(47回)	電子計算機Ⅰ —基礎編—	相磯秀夫・松下 温共著	184	2415円
H-4	(55回)	改訂 電子計算機Ⅱ —構成と制御—	飯塚 肇著	258	3255円
H-5	(31回)	計算機方式	高橋義造著	234	3045円
H-7	(28回)	オペレーティングシステム論	池田克夫著	206	2625円
I-3	(49回)	シミュレーション	中西俊男著	216	2730円
I-4	(22回)	パターン情報処理	長尾 真著	200	2520円
J-1	(52回)	電気エネルギー工学	鬼頭幸生著	312	3990円
J-3	(3回)	信頼性工学	菅野文友著	200	2520円
J-4	(29回)	生体工学	斎藤正男著	244	3150円
J-5	(45回)	改訂 画像工学	長谷川 伸著	232	2940円

以下続刊

C-7	制御理論	D-1	量子力学
D-5	光・電磁物性	F-3	信号理論
F-6	交換工学	G-5	形式言語とオートマトン
G-6	計算とアルゴリズム	J-2	電気機器通論

定価は本体価格＋税5％です。
定価は変更されることがありますのでご了承下さい。

図書目録進呈◆

大学講義シリーズ

(各巻A5判，欠番は品切です)

配本順	書名	著者	頁	定価
(2回)	通信網・交換工学	雁部 顕一 著	274	3150円
(3回)	伝送回路	古賀 利郎 著	216	2625円
(4回)	基礎システム理論	古田・佐野 共著	206	2625円
(6回)	電力系統工学	関根 泰次 他著	230	2415円
(7回)	音響振動工学	西山 静男 他著	270	2730円
(8回)	改訂 集積回路工学(1) ―プロセス・デバイス技術編―	柳井・永田 共著	252	3045円
(9回)	改訂 集積回路工学(2) ―回路技術編―	柳井・永田 共著	266	2835円
(10回)	基礎電子物性工学	川辺 和夫 他著	264	2625円
(11回)	電磁気学	岡本 允夫 著	384	3990円
(12回)	高電圧工学	升谷・中田 共著	192	2310円
(14回)	電波伝送工学	安達・米山 共著	304	3360円
(15回)	数値解析(1)	有本 卓 著	234	2940円
(16回)	電子工学概論	奥田 孝美 著	224	2835円
(17回)	基礎電気回路(1)	羽鳥 孝三 著	216	2625円
(18回)	電力伝送工学	木下 仁志 他著	318	3570円
(19回)	基礎電気回路(2)	羽鳥 孝三 著	292	3150円
(20回)	基礎電子回路	原田 耕介 他著	260	2835円
(21回)	計算機ソフトウェア	手塚・海尻 共著	198	2520円
(22回)	原子工学概論	都甲・岡 共著	168	2310円
(23回)	基礎ディジタル制御	美多 勉 他著	216	2520円
(24回)	新電磁気計測	大照 完 他著	210	2625円
(25回)	基礎電子計算機	鈴木 久喜 他著	260	2835円
(26回)	電子デバイス工学	藤井 忠邦 他著	274	3360円
(27回)	マイクロ波・光工学	宮内 一洋 他著	228	2625円
(28回)	半導体デバイス工学	石原 宏 著	264	2940円
(29回)	量子力学概論	権藤 靖夫 著	164	2100円
(30回)	光・量子エレクトロニクス	藤岡・小原 共著	180	2310円
(31回)	ディジタル回路	高橋 寛 他著	178	2415円
(32回)	改訂 回路理論(1)	石井 順也 著	200	2625円
(33回)	改訂 回路理論(2)	石井 順也 著	210	2835円
(34回)	制御工学	森 泰親 著	234	2940円

以下続刊

電気機器学	中西・正田・村上 共著	電力発生工学	上之園親佐 著
電気物性工学	長谷川英機 著	電気・電子材料	家田・水谷 共著
通信方式論	森永・小牧 共著	情報システム理論	長谷川・高橋・笠原 共著
数値解析(2)	有本 卓 著	現代システム理論	神山 真一 著

定価は本体価格+税5％です。
定価は変更されることがありますのでご了承下さい。

図書目録進呈◆

メカトロニクス教科書シリーズ

(各巻A5判)

■編集委員長　安田仁彦
■編集委員　末松良一・妹尾允史・高木章二
　　　　　　藤本英雄・武藤高義

配本順			頁	定価
1.(4回)	メカトロニクスのための**電子回路基礎**	西堀賢司著	264	3360円
2.(3回)	メカトロニクスのための**制御工学**	高木章二著	252	3150円
3.(13回)	**アクチュエータの駆動と制御（増補）**	武藤高義著	200	2520円
4.(2回)	**センシング工学**	新美智秀著	180	2310円
5.(7回)	**CADとCAE**	安田仁彦著	202	2835円
6.(5回)	**コンピュータ統合生産システム**	藤本英雄著	228	2940円
8.(6回)	**ロボット工学**	遠山茂樹著	168	2520円
9.(11回)	**画像処理工学**	末松良一・山田宏尚共著	238	3150円
10.(9回)	**超精密加工学**	丸井悦男著	230	3150円
11.(8回)	**計測と信号処理**	鳥居孝夫著	186	2415円
14.(10回)	**動的システム論**	鈴木正之他著	208	2835円
16.(12回)	メカトロニクスのための**電磁気学入門**	高橋裕著	232	2940円

以下続刊

7. **材料デバイス工学**　妹尾・伊藤共著
13. **光　　工　　学**　羽根一博著
12. **人工知能工学**　古橋・鈴木共著
15. メカトロニクスのための**トライボロジー入門**　田中・川久保共著

定価は本体価格+税5%です。
定価は変更されることがありますのでご了承下さい。

図書目録進呈◆

システム制御工学シリーズ

(各巻A5判)

■編集委員長　池田雅夫
■編集委員　足立修一・梶原宏之・杉江俊治・藤田政之

配本順			頁	定価
1. (2回)	システム制御へのアプローチ	大須賀公二・足立修二 共著	190	2520円
2. (1回)	信号とダイナミカルシステム	足立修一 著	216	2940円
3. (3回)	フィードバック制御入門	杉江俊治・藤田政之 共著	236	3150円
4. (6回)	線形システム制御入門	梶原宏之 著	200	2625円
5. (4回)	ディジタル制御入門	萩原朋道 著	232	3150円
7. (7回)	システム制御のための数学(1) ―線形代数編―	太田快人 著	266	3360円
12. (8回)	システム制御のための安定論	井村順一 著	250	3360円
13. (5回)	スペースクラフトの制御	木田隆 著	192	2520円
14. (9回)	プロセス制御システム	大嶋正裕 著	206	2730円
15. (10回)	状態推定の理論	内田健康・山中一雄 共著	176	2310円

以下続刊

6. システム制御工学演習	池田雅夫編／足立・梶原・杉江・藤田 共著	8. システム制御のための数学(2) ―関数解析編―	太田快人著
9. 多変数システム制御	池田・藤崎共著	10. ロバスト制御系設計	杉江俊治
11. $H\infty/\mu$ 制御系設計	原・藤田共著	サンプル値制御	早川義一著
むだ時間・分布定数系の制御	阿部・児島共著	信号処理	
行列不等式アプローチによる制御系設計	小原敦美著	適応制御	宮里義彦著
非線形制御理論	三平満司著	ロボット制御	横小路泰義著
線形システム解析	汐月哲夫著	ハイブリッドシステムの解析と制御	浦・井村・増淵共著
システム動力学と振動制御	野波健蔵著		

定価は本体価格+税5%です。
定価は変更されることがありますのでご了承下さい。

図書目録進呈◆